笨 拙 烘 焙

不使用麵粉
第一次做白崎茶會的料理

白崎裕子　著

瑞昇文化

開始「笨拙點心」吧

沒有麵粉、蛋、乳製品

LET'S HETA 1

一般大街小巷中的甜點、烤蛋糕等都是用麵粉、蛋和奶油製成的。

「笨拙甜點」則是完全不使用這些東西，不管你是不是對這些食材過敏的人，都可以放心享用的夢幻甜點。

而讓忙碌或對料理不擅長的人都能簡單的做出成品來是本書的目標。

首先，先從材料 (P.8 ～ 13) 開始看看吧。

LET'S HETA 2

攪拌過頭也沒關係

從現在開始登場的甜點，都用米粉替了麵粉，就算用打蛋器打過頭也不用擔心。

（也不需要過篩。）

因為米粉與麵粉不同，裡面沒有麩質，揉太久也不會揉出麵筋來，因此不會有揉過頭而結塊或變硬而失敗的狀況。

LET'S HETA

3

不要急躁地
慢慢完成

不用一氣呵成地,將計量到烤焙的作業一次完成。

例如把蛋糕的麵團混合後先放進冰箱休息一晚,

明天再繼續做也可以!

就像煮飯前米要先浸泡過,

米粉好好吸收過水分之後可以製作出好吃的麵團。

實現睡前準備好,早上完成甜點的夢想!

LET'S HETA

4

沒有特別的
道具也沒關係

用方型烤模烤杯蛋糕、

在烤盤上平鋪上餅乾麵團再切開、

蒸蛋糕在大碗中攪拌,直接蒸也可以。

使用的烤模形狀、

點心的形狀等都是你的自由。

就算沒有專用模具,

也可以用家裡現有的容器來製作。

目次

4 直接用手製作 手指塔 74

5 不使用乳製品 起司點心 92

6 攪一攪 奶油食譜 100

◎烤箱的溫度是大概基準。會依烤箱的機種與大小
等改變，請觀察烘烤的狀況適當調整。

◎調理時間不包含從烤箱中取出後放涼的時間、放
置冰箱隔夜的時間、等材料冷卻凝固的時間等。

◎難易度表示中，★越少的越簡單。

最初的「笨拙」重點

HETA-POINT -1-

用電子秤計算

粉類、液體、油等材料，照著食譜準備時，推薦用電子秤（以 0.1 克為單位的）來測量。用克為單位測量時，可以減少倒入容器時的步驟並降低誤差。鹽一小搓則用大拇指、食指與中指捏起來測量。

HETA-POINT -2- 遵守加入順序

粉類、水分、油等等，需要混合各種狀態不同的材料。食譜上的加入順序是「會變好吃的順序」，請遵守順序製作。沒有順利乳化的油脂會讓油浮出，是麵團無法好好融合的原因。口感會變差，變得乾乾的、變硬等等。

HETA-POINT -3-

好好的攪拌

攪拌水分與粉類、油脂的時候，請仔細攪拌均勻。水分與油脂有均勻融合的麵團有光澤，平滑好吃 可以完成漂亮的成品。乳化的小撇步是，用打蛋器以順時針方向從小圓→大圓畫圓圈攪拌。放入泡打粉或小蘇打時，在 30 秒內快速攪拌均勻的話就不會失敗。剛開始製作時推薦使用計時器來進行。

HETA-POINT -4-

預熱烤箱

生麵團有很多簡單的作法，事先掌握製作的流程，提早將烤箱預熱非常重要。預熱時間因烤箱的機種而異，如果在烤箱的溫度還沒有達食譜所記載的溫度時就放入烤箱烘烤，會造成無法膨脹或是烘烤時間拉長。製作蒸蛋糕時，請先加熱，在蒸鍋中充滿蒸氣的狀態下開始蒸烤吧。

HETA-POINT
-5-

用這些模具

雖然有不需要模具的餅乾食譜，但製作蛋糕或蒸麵包、塔派時會使用這些模具。

剪開四個地方

平底方盤

可以製作 P.14～27 的蛋糕以及其他塔類。鋪上烘焙紙可以簡單地取出成品。容器尺寸為 21×14×4 ㎝。使用野田琺瑯「長方型淺型 S」

杯型

杯子蛋糕、蒸蛋糕或烤布丁。依照食譜的份量，大概可倒入 4~6 個杯模。使用容量 100ml 的杯模。請選擇容易使用的材質，陶製的布丁模是「白色食器（Fortemore）」，矽膠製的杯模也可以。

塔型

只要準備一個就可以做所有手指塔（P.74～91）。使用底部可分開的、直徑 18 公分的塔模。用手指將麵團壓入就可以製作，使用直徑 8 公分的迷你塔模可以很簡單的推開麵團。

碗型

用來混合材料的一般耐熱碗。在碗中攪拌好後直接放入蒸鍋中，蒸蛋糕（P.66 的馬來糕等）變得更簡單。

烘焙紙型

什麼容器都沒有的時候，可以像右圖一樣摺出容器。烘烤之後打開便可以直接切開，需要洗的東西也比較少。

①將烘焙紙切成長方形。　②摺四摺。　③打開一個角，摺成三角形。另一面也同樣。

④將兩端往內朝中央點對摺，另一面也一樣。　⑤將下方往上摺兩摺，另一面同樣。　⑥將中間部分打開，整理形狀。

7

用這些東西做成點心

介紹不用麵粉、蛋及奶油也能做出好吃甜點的基本材料。

先了解材料的性質，可以減少失敗的機率。

笨拙材料

粉類
KONARUI

米粉

梗米（在來米）的粉末，是笨拙甜點的主要材料。**顆粒請選擇「甜點用」的細顆粒**（不要選擇『麵包）用』）。「甜點用」也有粗顆粒的，會造成整體變得厚重，無法烤出蓬鬆的成品，不能做出笨拙甜點。

［米粉的嘗試實驗］

在容器內放入 50 克米粉，加入 4 大匙的水攪拌。這時呈現平滑狀的話，就適合做很多種甜點。如果像麻糬一樣結成團的話比較適合做餅乾或塔皮。找找以下的推薦商品吧。

◎推薦的商品
米粉（陰陽洞）/ 甜點用米粉（富澤商店）/
リ・ファーリヌ（群馬製粉）/ 米の粉（共立食品）

［米粉與上新粉的不同］

兩種都是以梗米（在來米）為原料，但粒子的大小不同。上新粉的顆粒較粗，可製成像外郎糕（一種米粉糕）的甜點，糯糯地又厚重地。另外白玉粉則是麻糬的原料。

大豆粉

用大豆磨成的粉。**易吸水，可為麵團增加濕潤感與濃醇感。請一定要選擇加熱處理過後的產品。**「生大豆粉」殘留腥臭味、苦味等，無法使用在本書的笨拙甜點中。如果沒有也可以用**黃豆粉**代替，但大豆粉因為炒過，有一股獨特的風味。

杏仁粉

杏仁製成的粉。請依照喜好選擇帶皮磨碎或脫皮磨碎的。帶有獨特的風味與濃郁的香味，加入甜點中可增添**豐富度**。無法吃杏仁的人可以選擇**白芝麻粉**或**椰子粉**也有類似效果。對堅果過敏的人請參考P.110。

燕麥片

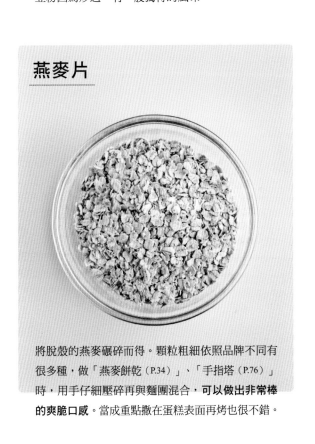

將脫殼的燕麥碾碎而得。顆粒粗細依照品牌不同有很多種，做「燕麥餅乾（P.34）」、「手指塔（P.76）」時，用手仔細壓碎再與麵團混合，**可以做出非常棒的爽脆口感**。當成重點撒在蛋糕表面再烤也很不錯。

玉米粉

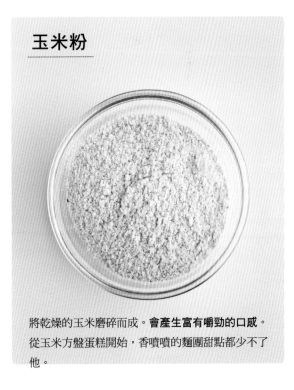

將乾燥的玉米磨碎而成。**會產生富有嚼勁的口感。**從玉米方盤蛋糕開始，香噴噴的麵團甜點都少不了他。

玉米澱粉、太白粉

玉米澱粉是玉米的澱粉、太白粉是地瓜的澱粉。可以**讓麵團變得蓬鬆**、做奶油餡時也很方便。想避開加工產品的話，可以選擇日本產的傳統作法製成的商品。

寒天粉

「簡單奶凍（P.68）」、「柔軟巧克力布丁（P.70）」、「地瓜烤布蕾（P.72）」等，**讓甜點凝固**時使用。另外，製作塔派麵團時配合麵團讓豆腐吸收一些水分，讓卡士達醬及各種內餡凝固時也非常重要。

泡打粉

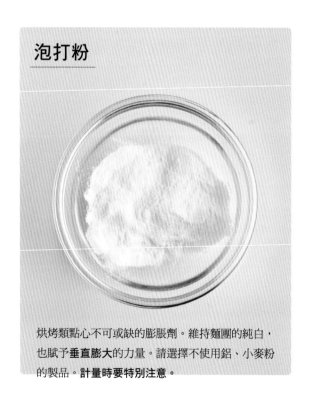

烘烤類點心不可或缺的膨脹劑。維持麵團的純白，也賦予**垂直膨大**的力量。請選擇不使用鋁、小麥粉的製品。**計量時要特別注意。**

小蘇打

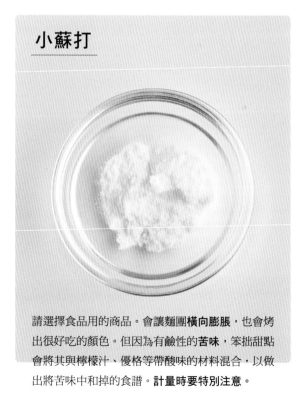

請選擇食品用的商品。會讓麵團**橫向膨脹**，也會烤出很好吃的顏色。但因為有鹼性的**苦味**，笨拙甜點會將其與檸檬汁、優格等帶酸味的材料混合，以做出將苦味中和掉的食譜。**計量時要特別注意。**

豆漿

請選擇無臭的**原味產品**。使用**大豆含量 9% 以上的產品**，製作麵團時油脂較容易乳化。對於豆漿攝取有限制的人，可以使用**椰奶、米漿**代替。（但無法做出完全相同的成品）。

豆漿優格

（將水分擠乾）

使用豆奶發酵後製成的優格。使用**無糖的產品**。帶有黏稠感，讓麵團容易乳化。脫水後（P.95）使用可增添**濃醇感**，是不使用乳製品製作的奶油醬、起司風甜點等不可或缺的材料。

豆腐

使用光滑容易破碎的**絹豆腐**。拿來做**填充餡料**很容易處理。用來做有份量感的布朗尼、軟餅乾、塔皮、雞蛋餅布丁等。另外也是「笨拙巧克力奶油（P.104）」的主角。

檸檬汁

加在豆漿中可以使其**乳化變得濃稠**，與小蘇打**反應**則能讓蛋糕變得蓬鬆。也可以加在奶油中增添風味。

椰子奶油

「簡易奶凍（P.68）」、「地瓜烤布蕾 P.72）」等等，是口感 Q 嫩、味道濃厚的甜點的基礎。也可以用椰奶冷卻後凝固的部分代替。

白味噌

具備甜味與美味，可為甜點添加發酵風味，也能提升起司系甜點的濃醇度。選擇單純簡單的白味噌來當材料吧。

甜菜糖

蜂蜜

以甜菜的根為原料的甜味劑。有許多種類型，但**推薦易溶化的粉狀甜菜糖**。顆粒較不易溶解的時候，放置一段時間即可。而低 GI* 的**椰糖**能釋出像黑糖一般濃郁的顏色和香味，也很推薦。

選擇**單純無添加**的蜂蜜，特別是洋槐花蜜。加在麵團中容易乳化，就算糖放很少也**容易烘烤上色**。

楓糖漿

椰奶粉

楓樹的樹液提煉而成的甜味劑。飽含豐富的礦物質，**有獨特的濃醇風味**。適合用來做餅乾等香噴噴的點心。

呈細粉狀，**可代替砂糖粉**灑在完成的蛋糕或塔類上。此外用水溶解，可以少量地做成椰奶或椰子奶油，十分便利。

＊ GI 值：升糖值數，用於衡量糖類對血糖的影響。低 GI 的食物有益大多數人的健康。

菜籽油

椰子油

（無香味）

最容易取得使用的植物油。**選擇味道與香味都不要太重的好油**。油身呈黃色的風味比較強烈，較不適合拿來做笨拙甜點。可選擇太白芝麻油、葡萄籽油等。

不易氧化的油。**低溫（24℃以下）會凝固**，冬天使用時先要隔水加熱。有的椰子油的香味較強烈，請選擇無味的椰子油。

鹽

使用富含礦物質、100％海水製作的「**海鹽**」。使用豆漿時加入適當的量（按照食譜指示），**可以中和掉苦味與腥味**。

[使用椰子油的理由]

可利用其低溫會凝固的特性，麵團在冰箱中放置後，餅乾會產生酥脆的口感。另外布朗尼或蛋糕，醒麵過後也會變得厚實好吃。就算切開，斷面也不易崩塌。

[融化使用時的撇步]

不要突然用高溫的熱水融化它，請慢慢隔水加熱。加入麵團時要一口氣加進去。一點一點加的話容易結塊。

可可粉

選擇不含乳製品的純可可粉。本書不使用用來沖泡飲品的可可粉。

笨拙甜點

1

睡一下更好吃
方盤蛋糕

讓麵團睡一下更好吃

一開始將液體與油脂混合後，
加入粉類攪拌再讓它睡一下。
如此米粉水分吸收更佳、
可以做成就算長時間放置也不易變乾的濕潤麵團。

不慌不忙的製作

因為可以讓麵團睡一下的程序，
不需要很匆忙地「攪拌好材料要快點倒入模型再趕快放
入烤箱……」也沒關係。
讓麵團放一陣子，想吃時再從冰箱拿出來，
混入烘焙粉或小蘇打，放入預熱好的烤箱。
作法輕鬆又簡單，可以安心製作。

烤模可用烘焙紙代替

將烘焙紙按照 P.7 的方法摺成盒子的話，
就算家裡沒有方盤蛋糕模，也可做出相似大小的烤模，
烘烤的時間也差不多一樣。

想在早餐時大口吃！

樸素又幸福的口感

鬆鬆軟軟的
玉米方盤蛋糕

放置型麵團的基本，最簡單的食譜。
享受鬆軟蓬鬆的蛋糕底，和樸素香味充滿口中的樂趣。
細小的玉米粉顆粒也很好吃。

調理時間 ── 40分
難易度 ── ★☆☆

材料（21 × 14 × 4 cm的蛋糕模 1 個份）

米粉 ── 75g
玉米粉 ── 50g
泡打粉 ── 1 小匙（4g）
小蘇打 ── 1/3 小匙（1.5g）

A ┌ 豆漿優格 ── 150g
 │ 蜂蜜 ── 2 大匙（45g）
 └ 鹽 ── 1 撮

椰子油（已融化好的，或是其他你喜歡的植物油）── 40g

Q. 為什麼要充分攪拌呢？

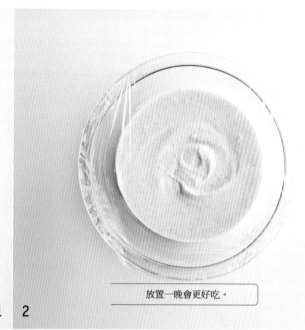

放置一晚會更好吃。

1　2

3　4

盡力在 30 秒內攪拌完成！

先預熱好烤箱再開始攪拌！

1 將 A 倒入碗中混合，
將蜂蜜融合。
倒入油後攪拌均勻讓其乳化。

2 依序加玉米粉與米粉，
攪拌至柔軟並有光澤，
再放入冰箱冷藏 30 分～一個晚上。

3 輕輕攪拌麵團至柔軟之後，
加入泡打粉與小蘇打，
30 秒內迅速拌勻。

小蘇打要用手指確實揉開不要結塊。

4 將麵團倒入烘焙紙摺成的方形模具內，
輕敲桌子讓氣泡排出。
在預熱好的烤箱內用 180℃烤 10 分鐘，
再將溫度降到 160℃烤 20 分鐘。

用竹籤從上方往下戳到底，
若麵團沾在竹籤上，就再烤一下。

A. 若沒有充分混合，蓬鬆度會變差，還會殘留苦味或酸味。

不需使用蛋、奶油和牛奶，
只用香蕉做出來的可口食譜

紮實的
香蕉蛋糕

壓碎的香蕉的黏性、水分與麵團融合在一起。
如果要放到隔天吃的話，表面的香蕉會變黑，
所以烤的時候先不要放上方的香蕉。
記得放涼後再切。

材料（21 × 14 × 4 ㎝的蛋糕模 1 個份）

還有點硬的香蕉 —— 1 根半（去皮後 150g）

檸檬汁 —— 1 大匙（15g）

米粉 —— 80g

大豆粉（或黃豆粉）—— 40g

泡打粉 —— 1 小匙（4g）

小蘇打 —— 1/3 小匙（1.5g）

A ｜ 甜菜糖 —— 30 ～ 40g
｜ 鹽 —— 1 撮
｜ 喜歡的植物油 —— 40g

豆漿 —— 1 ～ 3 大匙

＊根據香蕉的硬度進行調整。

Q. 有沒有推薦的吃法？

直到成為泥狀為止！

豆漿不要一次倒入 3 大匙以上。

1 將香蕉與檸檬汁倒入碗中，用叉子仔細壓碎。

2 加入 A 用打蛋器攪拌，使其乳化。

3 依序加入大豆粉與米粉，攪拌至平滑。一邊注意麵團的硬度一邊加入豆漿。

4 蓋上保鮮膜，放置 10 ～ 20 分鐘。

因為麵團中有香蕉，放置一晚會變黑。

5 輕輕攪拌至平滑後，加入泡打粉與小蘇打，快速混合均勻 1 分鐘左右。

雖然麵團很厚重，烤過之後就會變得鬆軟。

6 倒入用烘焙紙做好的模子中，再放上適量的香蕉（份量外）。在預熱好的烤箱中，用 170℃ 烘烤 10 分鐘，再將溫度調至 160℃ 烤 25 分鐘～烤至全體呈現金黃色即可。

A. 推薦灑上滿滿的肉桂糖再吃。

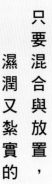

只要混合與放置，
濕潤又紮實的巧克力蛋糕

簡易布朗尼

烘烤後即變得蓬鬆，
放涼之後會變得更紮實好吃。
如果放隔夜，會更有布郎尼的感覺，
讓它充分冷卻後再切開吧。

調理時間 —— 40分
難易度 —— ★☆☆

材料（21 × 14 × 4 ㎝的蛋糕模 1 個份）

米粉 —— 75g
杏仁粉 —— 25g
可可粉 —— 25g
泡打粉 —— 1 小匙（4g）

豆腐（絹） —— 150g
A | 甜菜糖 —— 40 ～ 50g
　 | 萊姆酒 —— 1 大匙（15g）
　 | 蜂蜜 —— 1 大匙（22g）
　 | 鹽 —— 1 小撮
椰子油（已融化好的，或是其他你喜歡的植物油） —— 50g

＊使用椰子油的話，
冷卻後會更紮實好吃

Q. 一定要照順序放入粉類嗎？

一定要先放可可粉。

一邊預熱烤箱一邊攪拌！

1 將豆腐放入碗中，
用打蛋器將其攪拌至平滑。

> 先用打蛋器的尖端把豆腐壓碎。

2 加入 A 充分攪拌，
再加入油使其乳化。

> 使用椰子油時，請使用融化
> 成液狀的，一口氣加入快速
> 拌勻。

3 依次加入可可粉、杏仁粉及米
粉，每加入一種粉類都要充分
攪拌至平滑狀。

4 蓋上保鮮膜，
放置於冰箱中 10 分鐘以上。

> 放置一晚也可以。

5 輕輕攪拌麵團至平滑，再加入
泡打粉快速拌勻一分鐘左右。

6 倒入烘焙紙摺成的模子中，放
進已預熱好的烤箱裡用 170℃
烤 10 分鐘後，將溫度調降至
160℃烤 20 分。

A. 是的，照著這個順序才能做出即使冷卻也不會乾掉的巧克力蛋糕麵團。

簡易布朗尼（P.20）食譜①

堅果布朗尼

加了少許黃豆粉增加厚實度，
就算加了堅果也不易崩塌，可以簡單切出漂亮的斷面。
依照喜好放上奶油（P.100～107）就是開心的點心時間。

調理時間 — 40分
難易度 — ★☆☆

材料（21 × 14 × 4 ㎝的蛋糕模 1 個份）

米粉 —— 60g
杏仁粉 —— 25g
可可粉 —— 25g
大豆粉（或黃豆粉）—— 15g
泡打粉 —— 1 小匙（4g）
豆腐（絹）—— 150g
A 甜菜糖 —— 40 ～ 50g
　 萊姆酒 —— 1 大匙（15g）
　 蜂蜜 —— 1 大匙（22g）
　 鹽 —— 1 小撮

椰子油
　（或是換成其他
　 喜歡的植物油）
　 —— 50g
核桃（切碎）—— 50g
可可碎粒
　（或即溶咖啡粉）
　 —— 適量

1 將豆腐放入大碗內，用打蛋器打至光滑狀後加入 A 攪拌均勻，最後加入油使其乳化。

2 依序加入可可粉、杏仁、黃豆粉、米粉，每加入一樣都仔細攪拌均勻，蓋上保鮮膜放入冰箱冷藏 10 分鐘以上。

　　也可冷藏一晚

3 加入泡打粉在一分鐘內迅速攪拌，放入核桃（先取出一部分表面用的備用）拌勻後倒入已鋪好烘焙紙的模具中，再灑上剛剛預留好的核桃與可可碎粒。

4 放入以 170℃預熱 10 分鐘的烤箱中，將溫度調至 160℃後烤 20 分鐘。

Q. 沒有大豆粉怎麼辦？

簡易布朗尼（P.20）食譜②

簡單薩赫蛋糕

來自維也納的巧克力蛋糕中的王者。
在布朗尼中加入果醬的酸味，只要淋上去，
就算笨拙也能感到自豪的甜點。

材料（21 × 14 × 4 cm的蛋糕模 1 個份）
簡易布朗尼（P.20）── 全量
杏桃果醬（或橘皮果醬）── 適量
寒天甘納許（P.106）── 全量
＊淋在生巧克力布丁（P.86）上會很好吃
（夏天的話會溶化）。

1 將布朗尼橫向對半切，
在斷面塗上果醬後上下夾起。

2 淋上寒天甘納許。
降溫凝固後即完成。

> 淋寒天甘納許時，
> 可以全部淋在一個蛋糕上，
> 也可以照人數分開淋上。

調理時間 ── 15 分（不包括製作布朗尼蛋糕的時間）
難易度 ── ★☆☆

A. 如果沒有大豆粉，可以把米粉增加到 75g。

23

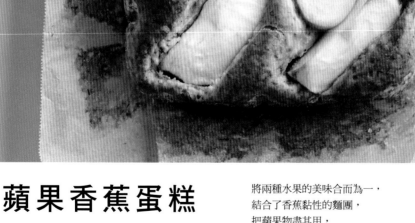

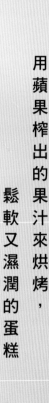

用蘋果榨出的果汁來烘烤，鬆軟又濕潤的蛋糕

蘋果香蕉蛋糕

將兩種水果的美味合而為一，
結合了香蕉黏性的麵團，
把蘋果物盡其用，
鬆軟又可以簡單完成的蛋糕。

調理時間 —— 60分
難易度 —— ★★☆

材料（21 × 14 × 4 cm的蛋糕模 1 個份）

蘋果 —— 1個（去掉皮與果核約 200g）

香蕉 —— 1根（去皮後 100g）

檸檬汁 —— 1 小匙（5g）

米粉 —— 75g

A | 甜菜糖 —— 40 ～ 50g
　 | 檸檬汁 —— 2 小匙（10g）
　 | 鹽 —— 1 小撮

B | 豆漿 —— 50g
　 | 喜歡的植物油 —— 50g

C | 玉米澱粉 —— 50g
　 | 泡打粉 —— 1 小匙（4g）
　 | 小蘇打 —— 1/3 小匙（1.5g）

Q. 有推薦使用的蘋果嗎？

像是要溶化甜菜糖一般的
跟全體混合。

1

2

3

4

5

6

1 將蘋果等分切後放在碗裡，再
加入 A 充分抹勻。

2 在另一個碗中放入香蕉與檸檬
汁，用叉子壓碎。再用打蛋器
將其攪拌成平滑的泥狀，再加
入 B 待其乳化。

3 加入米粉後仔細攪拌至滑順，
再將1、2蓋上保鮮膜，等待蘋
果上的甜菜糖溶化。

4 在小容器中放入 C 混合在一
起。

5 將蘋果放在篩子上瀝出蘋果
汁，把蘋果汁揉入麵團中。然
後再加入 4，快速攪拌均勻。

6 倒入烘焙紙摺成的模子中，再
擺上蘋果片，放進已預熱好的
烤箱裡用170℃烤45分鐘以上
直到呈金黃色即可。

A. 因為會使用甜菜糖灑滿蘋果讓其出水，所以用任何一種蘋果都好吃。

倒出來時會引發歡呼，王道的蘋果點心。

焦糖蘋果蛋糕

濃縮了蘋果的香甜，
是一道微苦的焦糖蘋果甜點。
排列蘋果時盡量不要有空隙是重點。
跟優格生奶油（P.102）很搭。

調理時間 ── 60 分
難易度 ── ★★☆

材料（21 × 14 × 4 cm的蛋糕模 1 個份）

A 米粉 ── 80g
　杏仁粉 ── 20g
　肉桂粉 ── 1/2 小匙
泡打粉 ── 1 小匙（4g）
小蘇打 ── 1 撮

B 豆漿 ── 50g
　甜菜糖 ── 30g
　鹽 ── 少許
　檸檬汁 ── 2 小匙（10g）
喜歡的植物油 ── 35g

[焦糖蘋果]
蘋果 ── 2 小個（去掉皮與果核約 300 ～ 400g）
檸檬汁 ── 1 小匙（5g）
甜菜糖 ── 45g 左右（蘋果重量的 15%）
喜歡的植物油 ── 1 大匙

Q. 麵團很硬好難混合……

注意不要煮爛或弄碎蘋果！

要盡快作業！

1 先製作[焦糖蘋果]。將蘋果切成月牙形，放入碗裡，淋上檸檬汁。

2 在鍋中放入甜菜糖與一大茶匙水（份量外），用大火煮至呈現焦糖色即熄火，再加一大匙水。

3 加入1與油，開中火慢慢攪拌，加熱8～10分鐘讓水分慢慢收乾。

4 在用烘焙紙摺好的模子中，沒縫隙的整齊排入蘋果。將鍋中的汁液倒入後等其冷卻。

5 在碗中放入B充分攪拌，甜菜糖溶化後加入油脂待其乳化。接著將A倒入後攪拌均勻，放置10分鐘以上。

6 加入泡打粉與小蘇打後快速混合，再倒入模子中排好的蘋果上鋪平。然後用預熱好的烤箱以170℃烤30分鐘即可。

A. 是的。等到吸收了蘋果的水分就會變好一點，請努力攪拌均勻。

笨拙甜點

2

不需脫模

基本的餅乾

作法簡單，不需使用奶油

奶油要回復室溫才會變得柔軟，
不使用奶油也能做出不需打泡、
口感酥脆味道濃厚的餅乾。
重點在讓油脂充分乳化和粉類的充分混合。

不需要脫模

不揉出麵筋，基乎全都只要用手就可以成型。
將麵團分成小塊，輕輕地用手掌揉成球狀或用手指壓碎而已。
另外還有展開在烤盤上，要吃時再折斷的餅乾等。
不需要太在意外觀。

稍微殘留一點水分，
令人愉悅的蓬鬆與酥脆口感

香蕉軟餅乾

簡單地壓碎香蕉與材料混合。
烘烤後趁熱大口大口的吃，
或是放涼後濕潤的口感都很好吃。
用輕鬆的心情也可以做的初學者餅乾。

材料（6 大塊份）

A | 大豆粉 ── 50g
  | 玉米澱粉 ── 25g
  | 泡打粉 ── 1 小匙（4g）
  | 小蘇打 ── 1 撮

香蕉 ── 1/2 根（去皮後 50g）
B | 檸檬汁 ── 1 小匙（5g）
  | 甜菜糖 ── 20 ～ 30g
  | 鹽 ── 1 小撮
喜歡的植物油 ── 40g
巧克力磚（不使用乳製品）── 適量（或是長角豆碎片、可可豆）

Q. 除了巧克力以外有推薦其他東西嗎？

1 將 A 放入碗中，
用打蛋器混合。

2 在另一個大碗中放入香蕉，
用叉子仔細壓碎成泥狀。

3 加入 B 仔細混合，
再加入油待其乳化。

4 加入 1，用抹刀攪拌均勻。

5 馬上分成六等分，放在鋪了烘
焙紙的烤盤上，輕輕的用手揉
成球狀再壓扁，再鋪上敲碎的
巧克力。

6 放入預熱好的烤箱，以 160℃
烤 10 分鐘，再將溫度降至
150℃烤 10 分左右直到酥脆。
然後再放在烤網上冷卻。

A. 可以加入 P.59 的［柳橙杯子蛋糕］、堅果或果乾也會很好吃。

香蕉軟餅乾（P.30）食譜①

夏威夷豆柳橙餅乾

用橘皮果醬代替香蕉，為麵團增加黏性。
柳橙的香味與清爽的餘韻，
與夏威夷豆是絕佳搭配。

材料（6大塊份）

A｜大豆粉 — 50g
　｜玉米澱粉 — 25g
　｜泡打粉 — 1小匙（4g）
　｜小蘇打 — 1撮
B｜豆腐（絹）— 25g
　｜橘皮果醬 — 30g
　｜檸檬汁 — 1小匙（5g）
　｜甜菜糖 — 20g
　｜鹽 — 1小撮
喜歡的植物油 — 40g
夏威夷豆 — 適量

1 將 A 放入碗中，用打蛋器混合。
2 把豆腐放進另一個大碗中並壓碎，然後加入 B 中的其他材料混合，最後加入油待其乳化。
3 加入 1，用抹刀充分混合。
4 分成 6 等分，放在鋪了烘焙紙的烤盤上，輕輕的用手揉成球狀再壓扁。放上夏威夷豆，再放入預熱好的烤箱，以 160℃ 烤 10 分鐘，再將溫度降至 150℃ 烤 10 分左右直到酥脆。然後再放在烤網上冷卻。

調理時間
難易度
★ 30
☆ 分
☆

Q. 放入大豆粉不會出現苦味嗎？

香蕉軟餅乾（P.30）食譜②

咖啡軟餅乾

帶點苦味的咖啡是大人的味道。
灑上椰子粉和燕麥等會更酥脆好吃！

材料（6 大塊份）

A｜大豆粉 ── 50g
　｜玉米澱粉 ── 25g
　｜泡打粉 ── 1 小匙（4g）
　｜小蘇打 ── 1 撮
香蕉 ── 1/2 根（去皮後 50g）
B｜檸檬汁 ── 1 小匙（5g）
　｜甜菜糖 ── 30g
　｜即溶咖啡 ── 2g
　｜鹽 ── 1 小撮
喜歡的植物油 ── 40g
椰子粉 ── 適量

1 將 A 放入碗中，用打蛋器混合。

2 把香蕉放入另一個大碗中，用叉子壓碎，再與 B 仔細混合。加入油待其乳化。

3 加入 1 充分攪拌。

4 分成 6 等分，放在鋪了烘焙紙的烤盤上，輕輕的用手揉成球狀再壓扁。灑上椰子粉，再放入預熱好的烤箱，以 160℃ 烤 10 分鐘，再將溫度降至 150℃ 烤 10 分左右直到酥脆。然後再放在烤網上冷卻。

調理時間 ── 30 分
難易度 ── ★☆☆

A. 購買大豆粉時，請選擇已去除大豆特有腥臭味的產品。

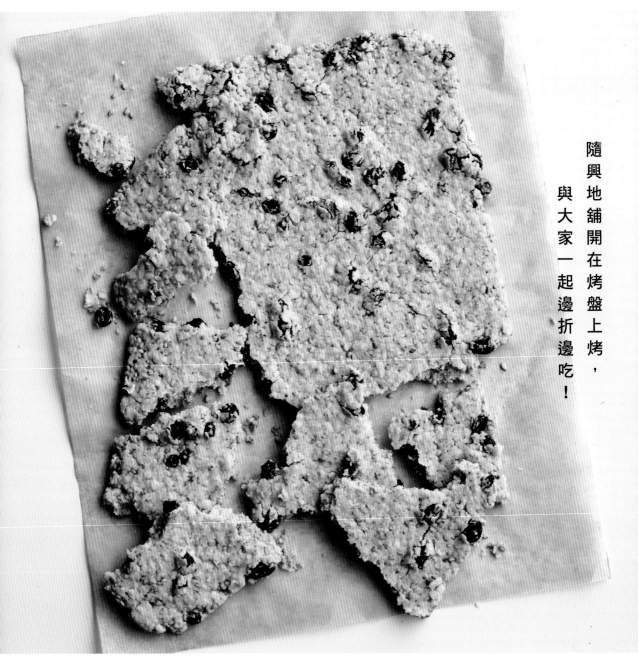

燕麥餅乾

製作過程簡單輕鬆，
請與家人或朋友一同做做看。
碎燕麥粒是主角，
口感酥脆爽口。

調理時間 ── 35分
難易度 ── ★☆☆

材料（烤盤 1 個份）

燕麥片 ── 60g

A │ 米粉 ── 40g
　│ 白芝麻 ── 20g
　│ 鹽 ── 1 小撮

喜歡的植物油 ── 40g
楓糖漿 ── 40g
葡萄乾 ── 20g

Q. 楓糖漿可以用其他東西代替嗎？

將其捏碎即可！

1

2

3

4

5

厚度自由調整，要做成適合烘烤的大小。

1 把燕麥放入碗中，
用手捏碎。

2 加入 A，
用抹刀混合均勻。

3 加入油，
將其從顆粒狀攪拌成片狀。

讓全體都裹到油。

4 加入楓糖漿攪拌在一起，
加入葡萄乾快速拌勻。

5 鋪在烘焙紙上蓋上保鮮膜，
用擀麵棍擀成喜歡的厚度。
放上烤盤再放入預熱好的烤箱，
以 160℃烤 25 ～ 30 分鐘直到酥脆。

A. 將甜菜糖 25g 以 15g 熱水溶解，冷卻後就可以了。蜂蜜容易烤焦，不可使用在這個餅乾裡。

静置過的麵團是好吃的秘密。

外表可愛的經典款

果醬餅乾

不使用奶油也可以濕潤又鬆脆。
填入喜歡的果醬，
來做色彩繽紛的點心吧。

難易度 ★☆☆
調理時間 30分

材料（12個份）

A | 米粉 ─ 25g
  | 大豆粉 ─ 25g
  | 杏仁粉 ─ 25g

B | 豆腐（絹）─ 20g
  | 甜菜糖 ─ 20g
  | 香草精（或肉桂粉）─ 少許
  | 鹽 ─ 少許
椰子油（已融化的狀態）─ 40g

覆盆子果醬
（P.107，或其他喜歡的果醬）─

Q. 沒有椰子油可以用其他的植物油代替嗎？

要確認豆腐有沒有結塊

1   2   3

4   5   6

1 在大碗中放入 A，用打蛋器混合。

2 在另一個小碗中放入 B，把豆腐壓碎。攪拌至甜菜糖溶解、變得平滑為止。

3 加入椰子油攪拌後，放入冰箱冷卻，若是凝固的話再將其攪開拌勻。

4 將 1 與 3 加在一起後，混合攪拌至呈顆粒狀。

5 整理成塊狀後用保鮮膜包起來，放進冰箱冷卻 10 ～ 20 分鐘。

冰得太硬的話會很難揉成圓形。

6 將麵團分成 12 等份，揉成圓形後稍微壓平，在中間壓出凹洞。用湯匙將果醬填入凹洞後，放入已預熱好的烤箱用 150℃烤 20 分鐘左右即可。

A. 可以。這時可以在 B 中加入 2g 寒天粉，再將植物油一點一點的加入待其乳化。

外脆內軟
可品嚐兩種口感的極致美味

巧克力雪球

就算有裂縫和皺摺看起來也很好吃
笨拙甜點就應該要這樣！
外表與內層的不同口感也讓人期待
讓人回味無窮的美味餅乾

材料（16個份）

A	米粉 —— 60g	B	花生醬 —— 30g	椰子油（已融化的狀態）—— 50g
	太白粉 —— 30g		豆漿 —— 30g	椰奶粉 —— 適量
	可可粉 —— 10g		甜菜糖 —— 35g	
	泡打粉 —— 1小匙（4g）		萊姆酒 —— 1小匙（5g）	
	小蘇打 —— 1撮		鹽 —— 1撮	

Q. 沒有椰奶粉怎麼辦？

1 2

3 4

1 在碗裡放入 A，用打蛋器混合。在另一個小碗中放入 B 攪拌至甜菜糖溶解，再加入椰子油待其乳化。

2 把 1 的 A 和 B 加在一起，用抹刀攪在一起。

3 用保鮮膜包起來，放入冰箱冷卻 20 分鐘以上。用鋼刀分成 16 等分。

4 一個個用手掌搓成球狀，滿滿地沾上椰奶粉後，排放在鋪了烘焙紙的烤盤上，在已預熱好的烤箱中用 150℃烤 20 分鐘。

A. 請用甜菜糖與太白粉以 3：1 的比例混合代用。

甜地瓜餅

將地瓜的水分去除，代替粉類的食譜。
過程相當簡單，
搓地瓜球時推薦與孩子一同製作。

調理時間 ── 45 分
難易度 ── ★☆☆

材料（12 個份）

地瓜 ── 100g（去皮後）

A｜甜菜糖 ── 20g
　｜鹽 ── 少許
　｜喜歡的植物油 ── 30g

B｜杏仁粉 ── 30g
　｜玉米澱粉 ── 15g
　｜泡打粉 ── 1 小匙（4g）

黑芝麻 ── 適量

Q. 用南瓜可以用一樣的作法嗎？

1 將地瓜切成小塊，放入小鍋內水煮至竹籤剛好可以穿透（不要煮過頭）。
把水瀝乾後用木刮刀壓碎，再用小火將水分煮乾呈顆粒狀。

2 放入碗內，
加入 A，用刮刀邊壓邊攪拌均勻，
放涼。

3 加入 B 混合均勻，整理成麵團的樣子。

4 分成 12 等分，用手搓成圓形後稍微壓扁，
排在鋪了烘焙紙的烤盤上，在中央灑上黑芝麻。
放入已經預熱好的烤箱中用 160℃烤 20 ～ 25 分鐘。

A. 可用水分較少的南瓜製作。

濃厚奶油酥餅

紮實濃厚、奢侈的餅乾。
材料簡單，
讓人想不停製作的一款點心。

調理時間 — 35 分
難易度 — ★☆☆

材料（12 個份）

A | 米粉 —— 60g
　　杏仁粉 —— 30g
　　甜菜糖 —— 20g
　　泡打粉 —— 1/2 小匙（2g）
　　鹽 —— 1 小撮

椰子油（已融化的狀態）—— 50g
豆漿 —— 2 小匙（10g）

Q. 麵團可以冷凍嗎？

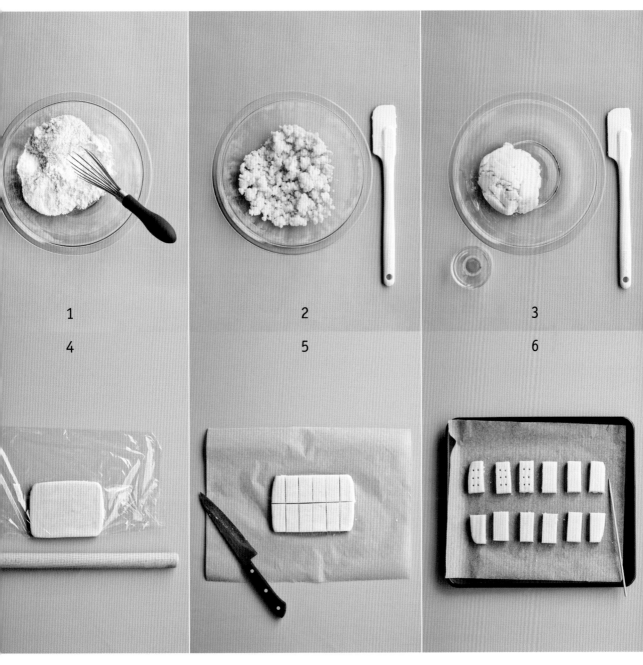

1 將 A 放入碗中，
用打蛋器混合

2 加入椰子油，用抹刀仔細攪拌
至鬆散的片狀。

3 加入豆漿，
用抹刀拌勻、整成麵團。

4 用保鮮膜包起來整成四方型，
用擀麵棍擀成 7 ～ 8 mm 厚。放
入冰箱中冷藏 20 分鐘以上。

5 放在烘焙紙上，
用刀子切成 12 等分。

6 移置烤盤上鋪開，用竹籤在上
面戳洞，用已預熱好的烤箱，
150℃烤 20 ～ 25 分鐘即可。

A. 可以。只要回復室溫就可以切一切拿去烘烤。

濃厚奶油酥餅（P.42）食譜①

紅茶奶油酥餅

飄散著錫蘭紅茶香的點心。
油很容易融化，推薦在冬天製作。
超適合聖誕節。

材料（直徑 15 cm 1 台分）

A｜米粉 ── 60g
　｜杏仁粉 ── 30g
　｜甜菜糖 ── 20g
　｜泡打粉 ── 1/2 小匙（2g）
　｜鹽 ── 1 小撮
　｜紅茶葉（錫蘭）── 2 茶包份（4g）
椰子油（已融化的狀態）── 50g
豆漿 ── 2 小匙（10g）
椰奶粉
　（或是甜菜糖與太白粉以
　　3：1 混合的粉類）── 適量

1　在碗中放入 A，用打蛋器混合。加入椰子油後用湯匙攪拌至乾巴巴的片狀，然後再加入豆奶攪拌，用保鮮膜包起來放入冷藏庫冷卻 10 〜 20 分鐘。

2　倒在平鋪的烘焙紙上，再蓋上保鮮膜，用擀麵棍擀成直徑 15 cm 左右的圓形。

3　用手指壓出花邊。用菜刀壓上壓痕，並用叉子或竹籤在整體表面戳洞。

4　放在烤盤上後，用 150℃ 已預熱好的烤箱烤 20 分鐘〜烤至酥脆為止。趁熱用刀子切開就不會碎裂。放涼後灑上椰子粉即完成。

調理時間 ── 35 分
難易度 ── ★★☆

Q. 可以做別的形狀嗎？

濃厚奶油酥餅（P.42）食譜②

巧克力奶油酥餅

大人和小朋友都喜歡的巧克力餅乾，
加上優格生奶油（P.102）或是
覆盆子醬（P.107）就是甜點了

材料（8片份）

A｜米粉 —— 50g
　｜杏仁粉 —— 30g
　｜可可粉 —— 10g
　｜甜菜糖 —— 25g
　｜泡打粉 —— 1/2 小匙（2g）
　｜鹽 —— 1 小撮
椰子油（已融化的狀態）—— 50g
豆漿 —— 2 小匙（10g）

1 將 A 放入碗中，用打蛋器混合。加入椰子油用刮刀攪拌至呈鬆散的片狀為止。加入豆漿混合均勻後用保鮮膜包好放入冰箱冷藏 10 ～ 20 分鐘。

2 放在烘焙紙上用擀麵棍擀平至 4 mm左右。

3 用刀子平均壓出刀痕，用竹籤在表面戳洞。

4 移至烤盤，在已經預熱好的烤箱中用 150℃烤 20 分以上直至酥脆為止。拿出來後，趁熱順著壓痕切開即可。

調理時間 —— 35 分
難易度 —— ★★☆

A. 像 P.42 的濃厚奶油酥餅一樣，冷卻後再切開也可以。

夾上喜歡的果乾，

　　　讓美味重疊！

無花果
夾心餅乾

鋪在平板狀的麵團上，
好好夾住無花果乾烘烤而成。
黏稠的口感是別的甜點做不到的。
揉成棒狀切開烤也很新穎。

調理時間
難易度

★ 45
☆ 分
☆

材料（21 × 14 × 4 ㎝的烤膜 1 個份）

［餅乾麵團］

A ｜ 米粉 —— 70g
　　玉米澱粉 —— 30g
　　肉桂粉 —— 1/2 小匙（沒有也沒關係）
　　小蘇打 —— 1/3 小匙（1.5g）

B ｜ 豆腐（絹） —— 40g
　　甜菜糖 —— 20g
　　寒天粉 —— 1 小匙（2g）
　　鹽 —— 1 小撮

椰子油
　（或是喜歡的植物油） —— 50g

無花果（乾燥） —— 100g
白酒 —— 2 大匙（30g）

＊用葡萄乾、鳳梨或杏桃做也很好吃。

Q. 在醃漬無花果乾的時候用白酒的話，小朋友還可以吃嗎？

1 將無花果與白酒倒入瓶中放置
一個晚上。

> 偶爾要翻倒過來放。

2 製作 [餅乾麵團]。
將A放入碗中用打蛋器拌勻。

3 在另一個碗中放入B，攪伴至
甜菜糖溶解、豆腐成光滑狀，
再加入油待其乳化。

4 將2與3用刮刀拌在一起攪拌
直至呈鬆散的片狀，將一半放
入烘焙紙摺成的烤模中，用手
指壓平壓實。

5 將1切碎後鋪上去，再將剩下
的麵團倒進去，用手指壓平壓
實，放進冰箱冷藏20分鐘以
上。

> 放置一晚也可以。

6 將烘焙紙打開，用刀子平均切
開，移至烤盤上放入預熱好的
烤箱，用160℃烤25分鐘。

> 注意如果把切好的麵團分開烤
> 的話，無花果會從側面溢出來。

A. 烘烤的時候酒精會蒸發所以沒問題。如果還是很在意的人可以用果汁醃漬哦！

讚嘆對堅果的愛
更加濃厚的餅乾

焦糖堅果餅乾

集合烤點心的人氣材料
一片接一片，魅惑人心的美味
搭配茶或奶茶吧！
當小禮物也很讓人欣喜。

調理時間 —— 45分
難易度 —— ★★☆

材料（21 × 14 × 4 cm的烤膜 1 個份）

餅乾麵團（P.46）── 全量
喜歡的堅果（已烤過）── 60g

A｜楓糖漿 ── 35g
　｜豆漿 ── 35g
　｜甜菜糖粉 ── 35g
　｜椰子油（已融化的狀態）── 35g
　｜可可粉（或肉桂粉）── 1 小匙
　｜鹽 ── 少許

Q. 為什麼與 P.46 不同，麵團不切就烘烤？

雖然有點稀，冷卻後會變硬。

1 2

3 4

1 在用烘焙紙摺好的烤模中倒入一半的［餅乾麵團］。用手指壓平壓實之後放入冰箱內冷卻。

2 將 A 放入小鍋內以中火煮，使其沸騰 4～5 分鐘並時不時攪拌直至變濃稠並冒大泡泡。

3 關火，一口氣加入所有堅果快速攪拌。

4 鋪在 1 上待其降溫，再把剩下的［餅乾麵團］倒入並用手指壓平壓實，移置冰箱冷藏 20 分鐘。用已預熱好的烤箱，160℃烤 25 分後，放涼後再平均切開。

A. 烤過之後再切的話，焦糖變硬，會比較好切。

檸檬汁　　泡打粉　　小蘇打

米粉

大豆粉

豆漿　蜂蜜　鹽　植物油

笨拙泡芙

不需使用麵粉、蛋與乳製品。
簡單的製作即可完成點心界的明星。
大量擠在 P.100 ～ 107 的奶油食譜上讓大家驚豔吧！

調理時間 ★ 25 分
難易度 ★ ☆

材料（泡芙皮 4 個份）
米粉 —— 30g
大豆粉 —— 10g
A　豆漿 —— 40g
　　蜂蜜 —— 10g
　　鹽 —— 1 小撮
　　喜歡的植物油 —— 20g

B　米粉 —— 10g
　　泡打粉 —— 1/2 小匙（2g）
　　小蘇打 —— 1/4 小匙（1g）

檸檬汁 —— 10g

Q. 製作成功的祕訣是什麼？

小蘇打的結塊要確實弄碎。

要讓大豆粉充分吸收水分。

1   2   3

4   5   6

邊預熱烤箱邊攪拌！

不要太在意形狀盡快動作！

1 將 B 倒入小容器內仔細混合。

2 把 A 放入碗裡仔細攪拌等待油類乳化。

3 放入大豆粉，要攪拌至沒有結塊。

4 加入米粉，攪拌麵團直至平滑。

5 把 1 倒進 4 裡，攪拌到平滑後加入檸檬汁快速攪拌 30 秒。

6 在鋪了烘焙紙的烤盤上，用湯匙分四等分盛上，在已預熱好的烤箱中用 170℃烤 15 分鐘以上至烤出漂亮的顏色即可。

A. 放入烤箱後就不要打開，直到烤好為止。

成功小撇步

○中間沒有空洞。
◎是的。笨拙泡芙是扁平狀的，以廚房用剪刀剪出洞再將其撕開。在扁平的泡芙皮中夾上滿滿的奶油來享用吧！

○表面沒有裂開，烤出光滑的泡芙皮了。
◎動作快點，麵糊盛上烤盤後不要再碰他了。氣泡消掉的話就不會膨脹。光滑的泡芙皮可以切開夾奶油，做成像馬卡龍的法式海綿小蛋糕。

○想要一次做很多的話，材料直接用倍數來算就好了嗎？
◎在還不熟練的時候，請一次增加一倍試試看。因為倒在烤盤上時就已經開始變化了，放入檸檬汁後用最快的速度進烤箱很重要。

Q. 製作的時候有哪些注意事項嗎？

能讓大家溢出笑容
光是擺著就很幸福的甜點

○表面出現斑點還出現苦味……
◎混合得不夠均勻。尤其是最後30秒沒有快速攪拌均勻的話，沒有溶解的小蘇打會出現苦味，顏色也會變成茶色。請迅速確實的攪拌。

○沒辦法變成好看的圓形。
◎排在烤盤上時用湯匙滴落，自然會形成圓形。

○有推薦的奶油嗎？
◎笨拙巧克力奶油（P.104）優格生奶油（P.102）、卡士達奶油（P.103）都很好吃。另外，放上水果再淋上寒天巧克力鏡面淋醬（P.106）也非常棒。

A. 前一天先做好奶油冷藏，吃的時候外熱內涼也很不錯。

3

簡單又可愛

杯子甜點

吃的時候很好分食

因為是小份量的杯子甜點，
加熱很輕鬆。
吃的時候照人數分也很容易，
省去了切的麻煩，
是有魅力的點心。

笨拙筆記

用一種杯模就可以做出多種不同的甜點

陶製或是矽膠製，
只要準備幾個杯模，
就可以盡情做出杯子蛋糕、
蒸蛋糕或涼點心。

不用蛋也能很蓬鬆。
讓人想烤來吃的美味家常點心。

蓬鬆的
杯子蛋糕

像長崎蛋糕一樣蓬鬆又綿密。
簡單卻吃不膩的味道。
雖然不像馬芬蛋糕一樣輕爽，
簡單就能擠上奶油也是魅力之一。

調理時間 —— 35 分
難易度 —— ★☆☆

材料（6 個份）

米粉 —— 100g

A | 杏仁粉 —— 25g
　 | 泡打粉 —— 1 小匙（4 g）
　 | 小蘇打 —— 1/4 小匙（1 g）

B | 豆漿優格 —— 120g
　 | 甜菜糖 —— 40g
　 | 鹽 —— 1 小撮

喜歡的植物油 —— 40g

Q. 忘了買豆漿優格？

1 在小容器中放入 A，
  仔細混合。

2 把 B 放入碗中，
  攪拌至甜菜糖溶解。

3 加入油，待其乳化。

4 加入米粉仔細攪拌。

5 加入 1 後快速攪拌 30 秒，
  倒入放好紙膜的杯模中。

6 用預熱好的烤箱以 170℃烤 10
  分鐘，再將溫度降至 160℃烤
  15 分鐘。從杯模中取出，置於
  網上放涼。

  冷卻後會變得蓬鬆。

A. 用豆漿 100g+ 檸檬汁 15g 可代用（但效果不會完全一樣）。

笨拙巧克力杯子蛋糕

大家最愛的巧克力鬆軟麵團。
用湯匙淋上一些奶油再放上草莓，餐桌一下子就華麗了起來。
用來慶祝小朋友的生日或節日如何呢？

材料（6 個份）

米粉 ── 85g

可可粉 ── 15g

A 杏仁粉 ── 25g
　 泡打粉 ── 1 小匙（4 g）
　 小蘇打 ── 1/4 小匙（1 g）

B 豆漿優格 ── 120g
　 甜菜糖 ── 45g
　 鹽 ── 1 小撮

喜歡的植物油 ── 40g

1 在小容器中放入 A 仔細混合。

2 將 B 放入另一個碗中攪拌至甜菜糖溶解。加入油待其乳化。

3 依照可可粉、米粉的順序加入並攪拌均勻，將 1 加入後，確實攪拌 30 秒左右。。

4 倒入鋪好紙膜的杯模中，用預熱好的烤箱以 170℃烤 10 分鐘，再將溫度降至 160℃烤 15 分鐘。待放涼後取出。

調理時間｜★ 35 分
難易度｜☆ ☆

Q. 前一天先把杯子蛋糕烤好，隔天再放上奶油可以嗎？

蓬鬆的杯子蛋糕（P.56）食譜②

柳橙杯子蛋糕

清爽的柳橙清淡又好吃。
切碎後與麵團混合，薄切後放在表面裝飾。
剩下的糖漬柳橙也可以與其他的點心混合或當裝飾。

材料（6個份）

米粉 —— 100g

A｜杏仁粉 —— 25g
　｜泡打粉 —— 1 小匙（4g）
　｜小蘇打 —— 1/4 小匙 g（1g）

B｜豆漿優格 —— 100g
　｜甜菜糖 —— 40g
　｜鹽 —— 1 小撮

喜歡的植物油 —— 40g

［糖漬柳橙］

柳橙 —— 150g（1 顆）

甜菜糖 —— 30g（柳橙重量的 20%）

1　製作［糖漬柳橙］。將柳橙切薄片，全部沾滿甜菜糖。放置直到甜菜糖溶解、柳橙出水後，取 40g 切碎。

2　在小容器內放入 A，充分混合。

3　將 B 放入另一個碗中，加入 1 大匙［糖漬柳橙］的汁液混合，等甜菜糖溶解後，加入油待其乳化。

4　加入米粉仔細攪拌，再加入切碎的柳橙混合均勻。然後加入 2 後在 30 秒內快速拌勻。

5　倒入鋪好紙膜的杯模中，用預熱好的烤箱以 170℃ 烤 10 分鐘，再將溫度降至 160℃ 烤 20 分鐘。待放涼後取出。可依喜好放上開心果（份量外）。

A. 蛋糕烤好後放涼，趁它還微溫時放進塑膠中放置的話隔天也不會乾掉。

用「水」就可以做！
顆粒細緻、蓬鬆軟 Q 的口感

笨拙蒸蛋糕

重點是讓麵團好好放置一段時間，
讓米粉充分吸收水分。
放涼也還是蓬鬆柔軟，
不會變硬的簡單食譜。

調理時間 —— 20 分
難易度 —— ★☆☆

材料（4 個份）

A | 米粉 —— 90g
　| 玉米澱粉 —— 10g
　| 水 —— 120g
　| 甜菜糖 —— 20g
　| 鹽 —— 1 小撮

喜歡的植物油 —— 20g
泡打粉 —— 1 小匙（4g）

Q. 家中沒有蒸鍋要怎麼辦……

1 將 A 放入中，
攪拌至平滑後，
加入油待其乳化。

在這時加入香草精或肉桂粉也很好吃。

2 蓋上保鮮膜，放在冰箱中冷藏 30 分鐘以上。

放置一晚的話會更好吃。

3 加入泡打粉，快速攪拌 1 分鐘。

4 倒入杯模，放入蒸鍋用強火蒸 12 分鐘。

A. 用大的鍋子或平底鍋，放入杯模後加入 2 ㎝高的水開火讓其沸騰，蓋上包著布的蓋子就可以蒸了。

笨拙蒸蛋糕（P.60）食譜①
蘋果蒸蛋糕

用蘋果的水分蒸製而成，
輕柔的甜味滲透整個蛋糕，
讓大家都放鬆心情的美味。

材料（5個份）

蘋果 — 1/2 顆（去除果核後 100 ～ 120g）

A | 蜂蜜 — 2 大匙（45g）
　 | 鹽 — 1 小撮

米粉 — 90g

豆漿（或水）— 50g

喜歡的植物油 — 2 大匙（25g）

B | 玉米澱粉 — 10g
　 | 泡打粉 — 1 小匙（4g）

1 將蘋果切成 1 cm 左右的三角形放入大碗中，
加入 A 放置 15 分鐘以上待其水分充分流出，
再將蘋果取出。

2 將 B 放進另一個小容器中，用打蛋器充分混合。

3 在 1 的碗中加入豆漿與米粉仔細攪拌後，加入油待
其乳化。

4 加入 B，快速攪拌 1 分鐘左右，
倒入杯模中放上 1 的蘋果片，
放進蒸鍋中用強火蒸 13 分鐘。

調理時間 — 25 分
難易度 — ★☆☆

Q. 想將地瓜切得大塊一點來蒸。

笨拙蒸蛋糕（P.60）食譜②

地瓜抹茶蒸蛋糕

蓬鬆的蛋糕體中有地瓜的熱呼呼感。
兩者一起蒸就毫不費工。
放在碗裡直接蒸也很好吃。

材料（5個份）

地瓜 —— 100g（去皮後）

A | 米粉 —— 90g
  | 玉米澱粉 —— 10g
  | 水 —— 100g
  | 甜菜糖 —— 30g
  | 鹽 —— 1 小撮
B | 抹茶 —— 1 小匙（2g）
  | 喜歡的植物油 —— 2 大匙（25g）
泡打粉 —— 1 小匙多一點（5g）

1 將 A 放入碗中，攪拌至平滑。
  包上保鮮膜，放入冰箱中冷藏 30 分鐘以上。
2 把地瓜切成 5 ㎜ 的小方塊，泡水 10 分鐘左右。
3 將 B 放入小容器內，攪拌至沒有結塊，加入 1 混合均勻。
  加入泡打粉快速攪拌 1 分鐘左右。
4 倒入杯模後放入瀝乾水分的 2，放進蒸鍋中用強火蒸 14 分鐘。

調理時間 —— ★ 25 分
難易度 —— ☆ ☆

A. 像 P.67 一樣，放入碗中直接蒸 35 分鐘。蒸的時間夠長的話就算切得比較大塊也可以蒸得溫熱鬆軟。

像綿密的舒芙蕾般柔軟，
口感清淡的人氣甜點，

起司
蒸蛋糕

這也是不用乳製品製作，
像擺在店頭販賣的商品一樣的蛋糕。
用南瓜粉染上淡黃色，是看起來好吃的關鍵。

調理時間 —— 25 分
難易度 —— ★☆☆

材料（6 個份）

A | 米粉 —— 60g
　 | 玉米澱粉 —— 20g
　 | 杏仁粉 —— 20g
　 | 南瓜粉（或米粉）—— 5g

B | 豆漿優格 —— 120g
　 | 白味噌 —— 15g
　 | 甜菜糖 —— 30g
　 | 喜歡的植物油 —— 30g
　 | 香草精 —— 少許（或是香草精 1 小匙）

泡打粉 —— 1 小匙（4g）

Q. 要烤出圖案時有哪些注意事項？

1 2

3 4

塗油後叉子就不會黏住表面。

1 將 B 放入碗中,用打蛋器混合後,
放入油待其乳化。

2 加入 A,攪拌至平滑。

3 加入泡打粉,快速攪拌 1 分鐘,
倒入鋪好紙膜的杯模中,
放進蒸鍋中用強火蒸 12 分鐘。

4 蒸好之後在表面上薄薄塗一層油(份量外),將叉子
的尖端用火加熱20秒左右,在蛋糕表面輕壓烤出圖案
的話很可愛。

很燙的話請用手套。

A. 因為叉子會變黑,請用舊叉子!

一口接一口！
濃厚甘甜濕潤的蒸蛋糕。

馬來糕

麵團呈茶色的原因是「醬油」與「椰糖」。
會出現像香噴噴的黑糖一般的風味。
用甜菜糖也可以做得很好吃。

調理時間 —— 45 分
難易度 —— ★☆☆

材料（15 ～ 18 ㎝的碗 1 個份）

A｜米粉 —— 60g
　｜杏仁粉 —— 20g
　｜玉米澱粉 —— 20g
　｜椰糖（或甜菜糖）—— 30g

B｜豆漿 —— 80g
　｜蜂蜜 —— 1 大匙（22g）
　｜喜歡的植物油 —— 30g

C｜泡打粉 —— 1/2 小匙（2g）
　｜小蘇打 —— 1/3 小匙（1.5g）

醬油 —— 2/3 小匙（3g）

Q. 可以用杯模蒸嗎？

放置一段時間後砂糖會
呈點狀浮出。

會發出「啾」的汽泡聲！

1 2

3 4

1 將 A 放入碗裡混合，
在中間出凹洞後倒入 B 仔細攪拌。
蓋上保鮮膜，放入冰箱冷藏 30 分鐘以上。

　放置一晚的話會更好吃。

2 將 C 放入小容器中混合，加入 1 小匙水（份量
外）溶解，倒入 1，快速攪拌 1 分鐘。

3 加入醬油攪拌均勻。

4 直接將碗放入蒸鍋用大火蒸 35 分鐘。

　將碗倒過來放涼的話水分剛好可以循
環，不會變乾。

A. 可以，請倒入 5 個杯子中蒸 14 分鐘。

簡易奶凍

口感 Q 彈的甜點，
直接吃就很好吃，
跟覆盆子醬（P.107）也很搭。
用方形淺盤製作再分食會很方便。

調理時間 ── 15 分
難易度 ── ★☆☆

材料（6 個份）

A | 水 ── 50g
　| 寒天粉 ── 1 小匙（2g）

B | 豆漿 ── 350g
　| 玉米澱粉（或葛粉）── 12g
　| 鹽 ── 1 小撮

椰子奶油 ── 200g
甜菜糖 ── 40～50g（可依照喜好增減）
萊姆酒（或香草精）── 2 小匙（10g）

Q. 用椰奶可以嗎？

1 2
3 4

1 在鍋中放入 A，用木匙充分混合，
放置 5 分鐘。

2 加入 B，用中火邊煮邊攪拌，沸騰後轉為小火
繼續加熱 3 分鐘。

中間要不停地攪拌。

3 持續用小火煮，並一點一點加入椰子奶油攪
拌，直到它變成平滑後加入萊姆酒，再一次煮
至沸騰即關火，加入甜菜糖攪拌。

4 倒入杯子中放涼後，放入冰箱中冷藏凝固。

A. 可以的。用等量即可製作（會做出味道更清淡的點心）。

柔軟
巧克力布丁

用植物油溶解可可粉製作，
以豆漿為基底的布丁。
餘韻很清爽，
是能讓人露出笑顏的美味。

調理時間 ── 20分
難易度 ── ★☆☆

材料（6個份）

A｜水 ── 50g
　｜寒天粉 ── 1 小匙（2g）

B｜豆漿 ── 500g
　｜玉米澱粉（或葛粉）── 15g
　｜甜菜糖 ── 50 ～ 60g（可依照喜好增減）
　｜鹽 ── 1 小撮

C｜可可粉 ── 15 ～ 20g
　｜喜歡的植物油 ── 50g

萊姆酒 ── 2 小匙

＊使用椰子油的話很好吃。

Q. 我想讓小朋友吃的話……

1 將 C 放入小容器裡混合。

2 在鍋子裡放入 A 用木刮刀充分混合,放置 5 分鐘。加入 B 用中火邊煮邊攪拌直到沸騰後轉成小火繼續加熱 3 分鐘。

> 持續攪拌不要停。

3 繼續用小火加熱並一點一點加入 1。
加入萊姆酒後再一次煮至沸騰就關火。

4 倒入杯中,
待放涼後放入冰箱冷卻凝固。

> 冰一晚就會很好吃。

A. 用長角豆粉代替可可粉、用香草粉代替萊姆酒並減少甜菜糖的份量即可。

酥脆焦香的表面也很好吃！
醇厚又入口即溶的甜點

地瓜烤布蕾

會以為是滿滿生奶油與蛋製作成的，
柔軟又入口即化的地瓜布丁。
迫不及待要把表面的焦糖敲碎了。

調理時間 —— 25 分

難易度 —— ★★☆

材料（6 個份）
地瓜—— 200g（去皮後）
甜菜糖 —— 45g
A ｜ 豆漿 —— 200g
　　香草精
　　（或肉桂粉）—— 少許
　　寒天粉 —— 1/2 小匙（1g）

椰子奶油 —— 150g
萊姆酒 —— 1 又 1/2 大匙
甜菜糖（裝飾用）—— 適量

Q. 要把表面烤得焦脆好像很花時間很麻煩……？

湯匙會變黑，
選一支舊的吧！
記得戴手套。

1 將地瓜切塊後泡水。放入鍋中加入水，煮到中軟至竹籤可輕易刺穿。瀝乾水分，趁熱加入糖並用木刮刀搗碎。

2 加入 A 迅速拌開，攪拌至平滑。
開中火煮到沸騰後轉小火繼續加熱 3 分鐘。

3 繼續用小火，
一點一點倒入椰子奶油，
攪拌至柔軟平滑的狀態後加入萊姆酒煮滾。

4 倒入杯中，放涼後放進冰箱裡冷藏凝固。
吃的時候在表面上灑上甜菜糖，
將湯匙在火上烤 50 秒左右再輕觸表面的糖烤焦即可。

A. 與 P.26 · 2 一樣，用甜菜糖 45g 做成焦糖醬淋上去也很好吃！

4

直接用手製作

手指塔

不使用奶油也可以酥脆

跟做餅乾一樣，
不使用奶油製作也可以做出口感濃厚的塔皮。
沒有使用麵粉，就算直接烘烤也不會縮小，
不醒麵也沒關係。

笨拙筆記

只要將鬆散的麵團用手指壓實

不是用擀麵棒擀平再切小，
而是將鬆散的麵團放入烤模中再用手指壓實，
是很輕鬆的塔皮製作法。

笨拙筆記

沒有塔模也可以做

沒有塔模時，
像 P.96 的烤起司蛋糕一樣，
在平板型的模子中壓入塔皮麵團，
倒入喜歡的內餡也可以製作。

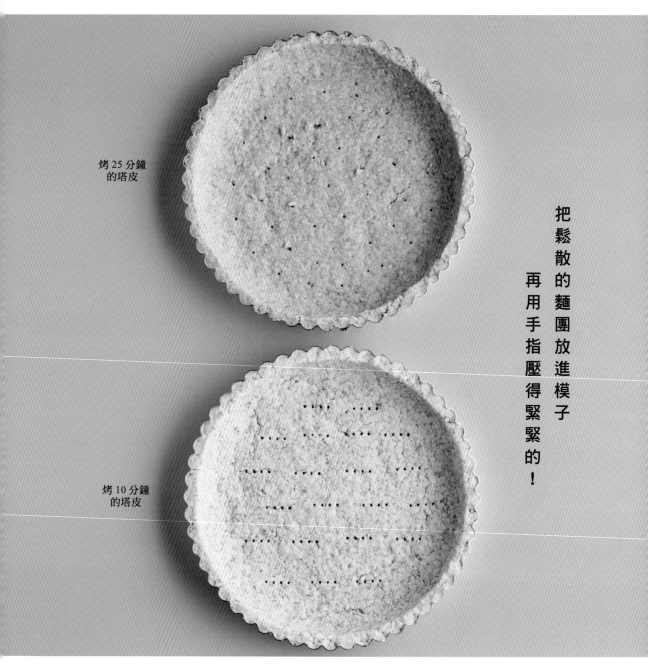

烤25分鐘
的塔皮

烤10分鐘
的塔皮

把鬆散的麵團放進模子
再用手指壓得緊緊的！

基本
手指塔

聽到塔皮是不是覺得作法困難呢？
這是初次嘗試的人，也可以做的酥脆塔皮。
用米粉做的話不會縮小不容易失敗！
參考 P.78～91 搭配喜歡的內餡吧！

材料（18 cm的塔模 1 個份）

燕麥片 —— 60g
米粉 —— 60g

A｜豆腐（絹）—— 25g
　｜甜菜糖 —— 20g
　｜寒天粉 —— 2 小匙（4g）
　｜鹽 —— 1 撮
喜歡的植物油 —— 50g

＊放入適量的肉桂粉也很好吃。

Q. 為什麼塔皮的烘烤時間不一樣？

使用椰子油時，
先將椰子油融化後再一口氣加進去。

烘烤的時間
請參考下方的 Q & A

1 將燕麥放進碗裡，
盡可能用手捏碎。

> 顆粒細的話，
> 塔皮較不易崩塌。

2 加入米粉，
用打蛋器混合。

3 在別的碗中放入 A，攪拌至豆腐成
為平滑狀，將油一點一點的加入，
等待其乳化。

4 把 3 加入 2，
用刮刀攪拌至鬆散的片狀。

5 在塔模中塗抹一層油（份量
外），將 4 倒進去。

6 一邊固定底部和側面一邊用手指
壓實。用叉子或竹籤在全體戳
洞，放入已預熱好的烤箱中用
160℃烘烤 10 分鐘、或是 25 ～
30 分，直到烤得酥脆。

A. 若倒入內餡後要再烘烤的話，烤 10 分鐘即可。若直接放入內餡的話就要烤 25 ～ 30 分鐘。

發 揮 笨 拙 的 本 領 ！

只 要 堆 好 草 莓 就 完 成 了 ！

草莓堆堆塔

說到塔就覺得害怕，
但只要在烘烤好的塔皮中倒入卡士達醬後，
馬上就能到達終點了。
簡單卻能夠華麗的完成！

調理時間 ── 15分
難易度 ── ★☆☆

材料（18 cm的塔模 1 個份）

基本的手指塔
　（P.76，烘烤 25 分鐘）── 1 個
卡士達醬（P.103）── 全量
草莓 ── 1 袋

［蜂蜜果膠］
蜂蜜 ── 25g
寒天粉 ── 1/2 小匙（1g）
水 ── 75g

椰奶粉（或將甜菜糖與太白粉以
3：1 比例混合）── 適量（沒有也沒關係）

Q. 有其他推薦的食譜嗎？

只要把這部分排得漂亮就可以了。

1   2

3   4

1 在塔皮中倒入卡士達醬後放涼。

前一天做好放置一晚也可以。

3 將剩下的草莓堆在塔皮中間。

一點一點堆起來。

2 草莓去蒂,縱切成一半。
排在 1 裡面,靠外側排 1 圈。

4 製作 [蜂蜜果膠]。
在小鍋中把所有的材料加入後邊用小火煮邊攪拌,
沸騰後繼續加熱 2 分鐘。快速的淋在 3 上。
吃的時候可依喜好灑上椰奶粉。

A. 與 P.104 的笨拙巧克力奶油很搭。無論哪種水果都很推薦!

不過濾也很綿密。
有濃厚口感的絕品。

南瓜塔

無論冷熱都很好吃！
黃色的塔相當吸睛。
在南瓜當季的時候或是萬聖節，
與大家一起製作看看吧！

材料（18 cm的塔模 1 個份）
基本的手指塔（P76，烘烤10分鐘）── 1 個
南瓜 ── 300g（去皮去籽）
甜菜糖 ── 50g
A │ 豆漿 ── 75g
  │ 寒天粉 ── 1 小匙（2g）

萊姆酒 ── 2 小匙（10g）（或肉桂粉少許）
鹽 ── 1 小撮
喜歡的植物油 ── 2 大匙（26g）
南瓜籽 ── 適量
＊手指塔皮中混入肉桂粉的話會很好吃。

Q. 可以用地瓜做嗎？

1 將南瓜煮熟，趁熱放進碗中，
加入甜菜糖，用打蛋器壓碎。

2 攪拌至甜菜糖溶化、
整體變得滑順後加入 A 仔細攪拌均勻。

3 加入油攪拌，待其乳化。

4 倒入塔皮中，
放進已預熱好的烤箱中用 160℃烤 40 分鐘。
放涼後排上南瓜種子裝飾，
再放進冰箱中冷卻。

A. 可以，紫心地瓜可以做的很漂亮。這時候，豆漿需增加至 100g。

薄切的斷面很美。
一入秋冬就會想做來吃的一道

烤蘋果塔

將蘋果依照喜好排上去慢慢烤，
適合寒冷季節的甜點。
準備好塔皮與杏仁奶油，
用喜歡的蘋果做做看吧。

材料（18 cm的塔模 1 個份）
基本的手指塔（P.76，烘烤 10 分鐘）—— 1 個
蘋果 —— 1 顆（去果核，200g）
杏仁奶油（P.105）—— 全量
喜歡的植物油 —— 適量
椰奶粉（或將甜菜糖與太白粉以 3：1 比例混合）
　　—— 適量（沒有也沒關係）

＊在塔皮中加入肉桂粉，或是做好後灑上肉桂糖粉
也很好吃。

Q. 用蘋果之外的水果製作也可以嗎？

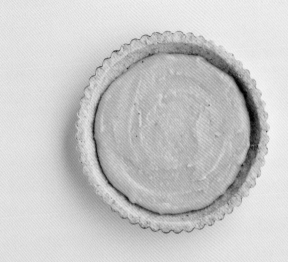

1 2

3 4

1 烘烤手指塔皮。

2 在塔皮中倒入杏仁奶油。

3 將薄切好的蘋果壓入奶油表面，
用刷子在蘋果上塗一層油。

4 用預熱好的烤箱以 170℃ 烤 60 分鐘
直到將蘋果表面的水分烤乾。
吃的時候可以依喜好在表面灑上椰奶粉。

A. 用洋梨或地瓜來做也很好吃。

藍莓優格塔

雖然不像起司蛋糕一樣濃厚，
但想稍微減輕負擔時剛剛好。
優格布丁與派皮很搭，
就算沒加藍莓也很好吃。

調理時間—— 45分
難易度—— ★☆☆

材料（18 ㎝的塔模 1 個份）
基本的手指塔（P.76，烘烤 10 分鐘）—— 1 個
豆漿優格 —— 600g
A ┃ 甜菜糖 —— 40 ～ 50g
　┃ 寒天粉 —— 1/2 小匙（1g）
　┃ 鹽 —— 1 小撮
　┃ 喜歡的植物油 —— 2 小匙（8g）

藍莓（冷凍的也可以）—— 120g

＊甜菜糖的份量可依藍莓的甜度做增減。

Q. 優格如果不是用豆漿優格也可以嗎？

1 2

3 4

1 在篩網上鋪一張烘焙紙，
倒入優格蓋上保鮮膜，
再壓上碗等重物，
等優格瀝乾水分後取 200g。

2 在碗中放入 1，用打蛋器攪拌至平滑，
再加入 A 攪拌均勻，等油乳化。

3 加入藍莓，用刮刀拌勻。

4 倒入塔皮中，
放入預熱好的烤箱用 180℃烤 30 ～ 35 分鐘，
烘烤至表面膨脹起來為止。

用冷凍藍莓時烘烤的時間要拉長。

A.用普通的優格也一樣，用相同的作法即可。

像咖啡館的甜點般，
爽脆的咬下硬巧克力是最棒的幸福。

迷你
巧克力塔

只要攪拌生巧克力，
準備自己喜歡的塔模就可以簡單完成！
用大塔模的話會完成有迫力的成品！

調理時間 —— 30分
難易度 —— ★☆☆

材料（8 cm的迷你塔模 6〜7 個份）
基本的手指塔（P.76）—— 塔皮全量
［生巧克力內餡］
可可粉 —— 20g
蜂蜜 —— 30g
椰子油（已融化的狀態）—— 50g

喜歡的堅果（已烤過）—— 適量（沒有也沒關係）

Q. 迷你塔模不是 8 cm 的也可以嗎？

先在塔模內塗油

1　2

3　4

1 製作［生巧克力內餡］。
在碗裡放入椰子油，
加入可可粉後充分混合，
再加蜂蜜仔細攪拌。

2 整碗浸在放了冷水的大碗中邊冷卻邊攪拌直到
其呈現奶油狀。

放入冰箱一陣子在它正要變硬前攪拌也可以。

3 將鬆散的麵團分裝進塔模中，
用手一個個壓實，固定底座與側面。
用叉子戳洞後，
在預熱好的烤箱中用 160℃烤 15 分鐘。

4 放入堅果，倒入 2，
放進冰箱中冷藏即完成。

除了堅果，也可放水果進去，也很好吃。

A. 做多大都可以。只要是麵團可以壓平壓實的形狀都可以。

迷你
桃子塔

杏仁奶油與生奶油，
還有令人喜愛的糖煮桃子。
散發出渾然天成的存在感的一道甜點。
雖然風味會稍微差一些，用罐頭桃子製作也可以。

調理時間 —— 50分
難易度 —— ★★★

材料（8 cm的迷你塔模 6 個份）

基本的手指塔（P.76）—— 塔皮全量

桃子 —— 3 小顆（去皮後 600g）

A | 蜂蜜 —— 3 大匙（66g）
  | 白酒（或蘋果汁）—— 3 大匙（45g）
  | 覆盆子（冷凍的也可以）—— 10g

B | 米粉 —— 1/2 小匙（2g）
  | 寒天粉 —— 1/2 小匙（1g）

杏仁奶油（P.105）—— 全量

優格生奶油（P.102）—— 適量

Q. 煮桃子的時候為什麼要用到覆盆子？

用切酪梨的方法切桃子！

1 2

3 4

1 跟 P.87．3 一樣，
在塔模中壓實麵團，
倒入杏仁奶油，
在預熱好的烤箱中用 170℃烤 25 分鐘。

2 桃子縱切一圈後，取出籽並去皮。然後馬上與
A 一同放入鍋中蓋上蓋子用小火煮。沸騰 5 分
鐘後，將桃子上下翻面再滾 5 分鐘後熄火，就
這樣放涼。

3 在 1 上面放上優格生奶油，放上瀝乾水分的桃
子（煮汁另外盛裝）放入冰箱冷藏。

4 在 B 中加入桃子的煮汁 100g 混合均勻，放入
鍋中用小火煮到米粉溶化。沸騰後再加熱 2 分
鐘。趁熱用刷子塗在 3 的桃子的表面即可。

A. 覆盆子汁跟塗在桃子表面的米粉混合後，冷卻時會呈粉紅色，成品會更可愛。

不使用奶油與蛋，來做夢中的點心吧！

起司馬鈴薯塔

蛋液用豆腐來製作，
起司則用豆漿優格與糯米粉來代替。
輕爽又濃厚，
一定要做看看的早餐或早午餐！

調理時間 ── 60 分
難易度 ── ★★★

材料（18 cm的塔模 1 個份）

基本的手指塔
　（P.76，烘烤 10 分鐘）── 1 個
馬鈴薯 ── 2 顆（去皮後 200g）
洋蔥 ── 1/2 顆
大蒜 ── 1 瓣

＊手指塔的甜菜糖減少 10g、鹽增加為 3 小
撮來製作。

［豆腐醬］
豆腐（絹）── 1 塊（200g）
白味噌 ── 2 大匙（30g）
橄欖油 ── 1 又 1/2 大匙（20g）
米粉 ── 20g
寒天粉 ── 1 小匙（2g）
鹽、胡椒 ── 各適量

［豆漿起司］
豆漿優格 ── 40g
糯米粉 ── 10g
橄欖油 ── 1 大匙多一點（15g）
甜菜糖 ── 1/2 小匙（2g）
鹽 ── 1/2 小匙少一點（2g）

Q. 做起來感覺有點麻煩……

1　製作［豆漿起司］。
　在塑膠袋中把所有的材料倒進去，
　仔細搓揉至看不到糯米粉的顆粒後，
　放置 10 分鐘以上。

2　將馬鈴薯切成一口的大小，放入加了鹽的水煮
　熟，加入黃芥茉（1 大茶匙・份量外）充分混合。
　將洋蔥、大蒜切薄片一起炒，加入鹽與胡椒（份
　量外）調味。

3　製作［豆腐醬］。
　在碗裡放入所有的材料，用打蛋糕把豆腐弄碎，仔
　細攪拌至變平滑。將 2 的炒料放進來攪拌均勻。在
　塔皮上排好馬鈴薯，倒入［豆腐醬］。

4　把 1 的［豆腐醬］的袋子尖端剪開，依個人喜好擠在塔的
　表面。放入預熱好的烤箱內用 180℃烤 30 分鐘以上直到表
　面微焦即可。

A. 馬鈴薯＋豆腐醬，或是馬鈴薯＋豆漿起司，只做兩種也可以。

5

不使用乳製品

起司點心

只用植物性的材料也可以製作

人氣的點心・起司蛋糕
也可以不用乳製品和蛋製作。
秘密是豆漿優格。
濃厚又綿密，做出跟起司一樣的口感。

簡單地用重物瀝乾水分

一般起司的口感完全取決於是否有將優格的水分瀝乾。
確實地將優格瀝乾至剩下原本的 1/3 體積。
像 P.95 一樣，從上方用碗等等重物下壓的話，
放置一小時左右就可以瀝乾水分。

放入喜歡的配料等它凝固，
做出新潮的前菜風格

起司甜點
綜合莓果與堅果

在綿密的起司裡揉入色彩繽紛的各種材料，
是像甜點般的零食。
也推薦放入夏威夷豆做成熱帶風味。
塗在麵包或蛋糕上也很好吃。

調理時間 —— 15 分

難易度 —— ★☆☆

材料（21 × 14 × 4 ㎝的烤模 1 個份）

豆漿優格 —— 400g
鹽 —— 1/2 小匙少一點（2g）
椰子油（已融化的狀態）—— 40g

［綜合莓果］
紫芋粉 —— 1 小匙（3g）
黑莓乾或藍莓乾 —— 70g
杏仁薄片（已烤過）—— 20g

［果乾 & 堅果］
無花果（乾燥）—— 80g
核桃（已烤過）—— 20g

Q. 可以用其他的材料做嗎？

也可將重物漸漸加重。

1 2

3 4

1 在篩網上鋪上烘焙紙，放上優格，
等稍微瀝一些水分出來後，覆蓋保鮮膜，
在上面放上碗之類的重物，
等水分充分瀝乾後取 130g。

2 放入碗中後加入鹽，用打蛋器攪拌至平滑狀，
加入椰子油快速攪拌待其乳化。

3 加入大致切碎的水果乾粗粒和堅果等混合均勻。

4 倒入用烘焙紙摺好的模子上，
放入冰箱冷卻凝固。
凝固後從模子中取出，用刀子切塊。

冷卻一晚可以切得很漂亮。

A. 放入南瓜粉，用芒果乾或鳳梨乾等夏季水果組合來做也不錯。

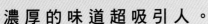

不用乳製品也很好吃，
濃厚的味道超吸引人。

烤起司蛋糕

好好地漂亮地切出美麗的斷面，
會有一股開心的成就感。
濃濃的起司（風味）與酥脆的底座，
是成人和小孩都喜愛的甜點。

調理時間 —— 60分
難易度 —— ★☆☆

材料（21 × 14 × 4 ㎝的烤模 1 個份）

[底座]
燕麥片 —— 60g
蜂蜜 —— 10g
鹽 —— 1 小撮
椰子油
（已融化的狀態）—— 30g

[起司內餡]
豆漿優格 —— 900g
A｜甜菜糖 —— 60g
　｜玉米澱粉 —— 30g
　｜寒天粉 —— 1/2 小匙（1g）
　｜白味噌 —— 30g

蜂蜜 —— 30g
檸檬汁 —— 1 小匙（5g）
檸檬皮（磨碎）—— 1/2 顆份
椰子油（已融化的狀態）—— 60g

Q. 一定要用模具做嗎？

1 將燕麥放入碗中用手仔細捏碎,與[底座]的材料全部混合在一起。

2 在烘焙紙摺成的模型中壓平壓實,用預熱好的烤箱以160℃烤10分鐘。

3 製作[起司內餡]的方法。跟P.95·1相同,將優格的水分瀝乾後取300g放入碗中,用打蛋器攪拌至平滑。

4 加入A,攪拌至呈平滑狀後,蓋上保鮮膜放置5分鐘。

5 加入椰子油再度攪拌使其乳化。

6 把5倒進2上,在預熱好的烤箱中用170℃烤35分鐘,再以220℃烤3〜5分鐘直到表面呈焦黃色即可。

A. 用直徑 18 ㎝左右的耐熱盤或塔盤也可以。

洋梨起司蛋糕

富有香味的洋梨，多汁而濃醇。
是可以品嚐水果鮮味的起司蛋糕。

材料（21 × 14 × 4 ㎝的烤模 1 個份）

底座（P.96）── 1 個

洋梨 ── 200 ～ 250g（去皮去籽）

［起司內餡］

豆漿優格 ── 600g

A｜甜菜糖 ── 40g

　｜玉米澱粉 ── 20g

　｜寒天粉 ── 1/2 小匙（1g）

　｜白味噌 ── 20g

　｜蜂蜜 ── 20g

　｜檸檬汁 ── 1/2 小匙（2.5g）

　｜香草精 ── 1 小匙

椰子油（已融化的狀態）── 40g

椰奶粉 ── 適量（沒有也沒關係）

1 參考 P.97・1 ～ 2，製作 ［底座］。

2 製作 ［起司內餡］。

與 P.95・1 相同，豆奶優格對水 200 克。

加入 A，攪拌至柔軟滑順。

蓋上保鮮膜靜候 5 分鐘。

加入椰子油使其乳化。

3 將 2 倒入 1 中，再放上切薄的洋梨片。

用刷子刷上一小匙的椰子油（份量外）。

4 以 170℃預熱好的烤箱烤 45 ～ 50 分鐘。

直到洋梨的水分烤乾。

可依個人喜好灑上椰子粉。

調理時間 ── 70 分

難易度 ── ★☆☆

Q. 可以用蘋果片代替嗎？

烤起司蛋糕（P.96）的食譜②

南瓜起司蛋糕

濃厚又滑順的甜味，
溫和的滋味在口中擴散開來

材料（21 × 14 × 4 ㎝的烤模 1 個份）

底座（P.96）── 1 個

[起司內餡]

豆漿優格 ── 900g

A | 甜菜糖 ── 60g
　 南瓜粉 ── 20g
　 玉米澱粉 ── 10g
　 寒天粉 ── 1/2 小匙（1g）
　 白味噌 ── 30g
　 蜂蜜 ── 30g
　 萊姆酒 ── 2 小匙（10g）

椰子油（已融化的狀態）── 60g

1　製作與 P.97・1 ～ 2 相同的［底座］。

2　製作［起司內餡］。
　　與 P.95・1 一樣，
　　將優格去除水分後取 300g，
　　加入 A 攪拌至平滑後，
　　蓋上保鮮膜靜置 5 分鐘。
　　然後加入椰子油待其乳化。

3　將 2 倒入 1。

4　在預熱好的烤箱中用 170℃烤 35 分鐘，
　　再用 220℃烤 3 ～ 5 分鐘，直到表面焦黃即可。

調理時間 ── ★ 60 分
難易度 ── ☆☆

＊可在底座中加入 1/2 小匙的肉桂粉去烤，也很好吃。

A. 烤 60 分鐘左右的話會很好吃。

6

攪一攪

奶油食譜

不使用鮮奶油和蛋

萬能的生奶油，不使用鮮奶油，
濕潤又濃厚的卡士達醬，不用麵粉和蛋也做得出來。
雖然都使用植物性的材料，但不會有腥臭味，
是大家都會喜歡的奶油。

只要攪拌就可以完成

不需要像鮮奶油一樣，為了打入很多空氣，
用電動攪拌器或是用體力來打泡。
只要將材料混合，確實讓它乳化，
加熱後再冷卻，好吃的奶油就完成了！

自由搭配的吃法組合

可以放在蛋糕或塔類上、塗在餅乾上等等，
有無限種吃法。

只要攪拌就好，輕鬆又滑順

優格生奶油

把豆漿優格瀝乾水再乳化，是白崎茶會的人氣食譜。
餘韻清爽，調整硬度也很容易。

材料（容易製作的份量）
豆漿優格 ── 400g
甜菜糖 ── 30 〜 40g
鹽 ── 1 小撮
椰子油（已融化的狀態）── 50g

1

在篩網上鋪上廚房紙布，將優格放上
去，仔細瀝乾水分。然後放入碗中。

2

加入甜菜糖與鹽，用打蛋器攪拌均
勻，加入油攪拌，會分離一次之後
（如圖）再快速攪拌混合讓其乳化。

3

攪拌到把空氣打入變得鬆軟，放
入冰箱冷卻即可。

覆盆子優格奶油

充分瀝乾的優格中加入 3 大匙覆盆子
果醬（P.107）與 1 小匙紫芋粉，甜
菜糖減少 10 〜 20g，就可以做出一
樣的奶油來。

想要更硬一些

在瀝乾優格的水分時跟 P.95．1 一樣，
用碗等重物壓出水分，再增加椰子油
的份量，就可以做出跟餅乾、塔皮或
泡芙很搭的生奶油。

想要柔軟一些

用楓糖漿或蜂蜜代替甜菜糖的話，可
以做成和水果很搭的柔順奶油。冰凍
起來也很好吃。

香味撲鼻、濃厚的點心名媛

檸檬卡士達奶油

不使用蛋和麵粉，酸甜清爽的卡士達醬。
軟硬適中，最適合拿來與泡芙、塔皮搭配。

材料（容易製作的份量）
A ｜ 玉米澱粉 ── 25g
　　 喜歡的植物油 ── 25g
甜菜糖 ── 50g
鹽 ── 1 小撮
豆漿 ── 250g
檸檬汁 ── 25g
檸檬皮（磨碎）── 1/2 顆份
＊若是當成塔類的內餡的話，再加上 1/2 小匙的寒天粉。

1 將 A 放入小鍋中，用木刮刀攪拌。

2 攪拌至平滑後加入甜菜糖與鹽仔細拌勻。

3 加入豆漿一邊混合一邊用中火煮至沸騰後轉小火，在它冒泡的狀態下不停的攪拌煮 3 分鐘然後關火。加入檸檬汁攪拌均勻，倒入保存容器內用保鮮膜包好。

卡士達醬（固狀）

用少許香草粉（或是香草精 2 小匙）代替檸檬汁與檸檬皮，玉米澱粉減少至 20g、甜菜糖減少至 40g，用同樣的做法就可以做出適合與泡芙和塔皮的卡士達醬。

當成塔的內餡時

將寒天粉跟豆漿一起加入，用同樣的作法製作即可。稍放涼後，趁溫熱時倒入塔皮中的話，之後會比較好切。

漂亮的鵝黃色

將玉米澱粉減量至 20g、加上 5g 南瓜粉的話，就可以完成像用蛋黃製作般的鵝黃色奶油。

不需使用特別的器具，任何人都不會失敗！

笨拙巧克力奶油

跟什麼都很速配，很有奶油感的奶油。
不需要瀝乾水分也不用電動打蛋器。

材料（容易製作的份量）

A | 豆腐（絹）—— 150g
　 | 甜菜糖 —— 40g
　 | 可可粉 —— 20g
　 | 玉米澱粉 —— 2 小匙（4g）
　 | 鹽 —— 1 小撮
萊姆酒 —— 2 小匙（10g）
椰子油（已融化的狀態）—— 50g（或是喜歡的植物油 30g）

1

將 A 放入小鍋中，
用打蛋器將豆腐壓碎，
攪拌至平滑狀。

2

一邊不停地攪拌一邊開中火煮至冒泡
時轉成小火煮 3 分鐘。加入萊姆酒邊
攪拌邊煮至沸騰後關火，放入油攪拌
使其乳化。

3

攪拌至有點蓬鬆感和乳化感即完
成。放入冰箱中確實冷卻。

夏天的話可以用隔水加熱。

笨拙香草奶油

不要用巧克力粉，將玉米粉增加至 1
大匙，萊姆酒用香草精代替（或是少
許香草粉），甜菜糖少至 30g，用同樣
的作法即可完成。

給年齡很小的幼兒吃的話

將可可粉用長角豆粉代替，萊姆酒用
香草精（或少許香草粉）代替。甜菜糖
和油也稍微減少，用同樣的作法製作
即可。

保存方法

倒入保存容器放入冰箱，可保存 3 ～
4 天左右。

堅果的濃厚滋味在口中擴散

杏仁奶油
（加熱專用）

當迷你塔的內餡、放上水果或堅果再烘烤。
注意不能直接吃。

材料（容易製作的份量）

A｜杏仁粉 —— 50g
　｜玉米澱粉 —— 10g
豆腐（絹）—— 40g
甜菜糖 —— 40g
鹽 —— 1 小撮
萊姆酒 —— 2 小匙（10g）
椰子油（已融化的狀態）—— 40g
（或是喜歡的植物油 25g）

1

把豆腐放入碗中，
用打蛋器攪拌至平滑狀。

> 用打蛋器的尖端壓碎它。

2

用另一個容器加入甜菜糖、鹽、萊姆
酒後攪拌均勻，再加入油攪拌至其乳
化。

3

加入 A，
攪拌至平滑狀後倒入塔皮烘烤。

推薦的食譜

不使用塔模，直接倒入耐熱容器或平
底方盤模，放上當季水果後，在預熱
好的烤箱內以 170℃烤至表面焦黃就
很好吃了。

好吃的搭配

有大豆粉的話，代替玉米澱粉，可以
製作出紮實的奶油，就算放上大量的
水果烘烤也不會變得水水的。

好吃的搭配②

可以代替 P.36 果醬餅乾的果醬填入
凹洞，也可以代替 P.46 無花果夾心
餅乾中的無花果醬，都很好吃。

為蛋糕加上好吃的裝飾

寒天
巧克力鏡面淋醬

巧克力口味的光滑淋醬。
與名稱不符的簡易作法，是讓大家都很自豪的技巧。

材料（容易製作的份量）

豆漿 —— 40g

水 —— 40g

A | 可可粉 —— 20g
　 | 甜菜糖 —— 30g
　 | 寒天粉 —— 1/2 小匙（1g）

將 A 放入小鍋中，用打蛋器混合。

邊攪拌邊將水一點一點加入，加入豆漿後用小火煮到沸騰後繼續加熱 30 秒。

趁溫熱時淋在已冷卻的蛋糕上。

鏡面淋醬的好處

因為是寒天，比 P.86 的 [生巧克力內餡] 更清爽，常溫時不會溶化，運送便利。淋在蛋糕上的話可以維持蛋糕的蓬鬆口感。

剩下來的淋醬？

把它用湯匙一滴滴滴在烘焙紙上或是倒入小的矽膠模等它凝固，光滑又可愛的巧克力果凍就完成了！

推薦的食譜

在 P.18 紮實的香蕉方盤蛋糕上，不放上香蕉直接烘烤。烤好放涼後，再淋上溫熱的寒天巧克力鏡面淋醬就變成香蕉巧克力蛋糕了。P.56 ～ 59 的杯子蛋糕們跟寒天巧克力鏡面淋醬也很合。（柳橙杯子蛋糕，表面不放柳橙片直接淋醬）

比果醬簡單

鮮紅覆盆子醬

有冷凍莓果的話，不需要很長的時間就可製作。
馬上冷藏的話可以保持新鮮一段時間。

材料（容易製作的份量）
覆盆子（冷凍的也可以）—— 100g
蜂蜜 —— 50g
鹽 —— 少許

1

將所有的材料放入鍋中，
放置 30 分鐘。

> 等待覆盆子出水。

2

用大火邊煮邊用木刮刀將覆盆子壓
碎，沸騰後繼續加熱一分鐘。

> 壓碎的話果膠會出來得
> 比較濃稠。

3

趁醬汁溫熱時倒進保存瓶再浸入裝
有冷水的碗中快速冷卻。

> 待其冷卻時偶爾
> 攪拌一下。

覆盆子果醬

用甜菜糖 30 ～ 40gp 代替蜂蜜，沸騰
後加熱 5 分鐘左右待其濃稠，其他則
用相同的作法，就會變成果醬。P.36
的果醬餅乾使用這個果醬也會很好
吃。

推薦吃法

在 P.70 的柔軟巧克力內餡上也很好
吃。

好吃的搭配

在用火加熱時加入 1/2 小匙（1g）寒
天粉，其他作法一樣，待其稍稍冷
卻，趁還有餘熱時倒入塔皮中就是漂
亮的果凍塔了。如果在下面再鋪一層
卡士達醬的話會更加好吃！

附贈食譜

洋蔥麵包

將 1/2 個洋蔥與 1 個大蒜切薄片，用一大匙橄欖油炒出焦糖色，加入鹽與胡椒調味後放涼。
依 P.16 鬆軟的玉米方盤蛋糕作法，把豆漿優格的量減少至 120g 做成麵團，最好加入炒好的洋蔥拌勻用同樣的方式烘烤。
可依照喜好撒上切成圓片的橄欖、鹽、胡椒、乾燥的香料等。

薑汁麵包

把 P.16 鬆軟的玉米方盤蛋糕的麵團加入 1 小匙薑粉、1 小匙肉桂粉，再多加 20g 甜菜糖（或椰糖）用同樣的作法製作。

HETA-OYATSU

後記

一開始我在想，「笨拙」有哪裡不好呢？

在店裡買甜點的時候一定不會想要買到笨拙的商品吧？

製作的時候也是、用市售的海綿蛋糕時也是，用板巧克力放進微波爐裡微波、

用調製好的蛋糕粉直接加入蛋的話，也不會輕易失敗吧。

為了某人而努力放棄市售配好的材料，從零開始一項項選擇材料，

對從來沒做過甜點的，對有勇氣嘗試的人來說是一道高牆。

這種「笨拙」是很偉大的。

所以，就算做好的成品有點笨拙，

「因為是笨拙甜點，不擅長是當然的。做得很完美反而才讓人驚訝。」用這種心情來

做吧！

另外「做得難吃就糟了……」在開始這種想法前，

「再攪拌均勻一點」「下次再多烤 5 分鐘試試看」

抱著這種心情慢慢增加讓人驚喜的日子吧。

直到從「笨拙」畢業之前，請盡量使用本書。

在仍未涉足的前方，穿上新的鞋子勇敢前進的你，總有一天也能不需要鞋子般向前。

希望大家，能夠享受愉快又美味的時光。

攝影師寺澤先生、設計師藤田先生、潤稿的中里先生、編輯和田先生，在此致上言語

無法形容的感謝。

感謝茶會的每一位工作人員。

2017 年 11 月 上弦月 白崎裕子

作者介紹

白崎裕子

料理研究家。曾在逗子市創業逾四十年的老鋪料理教室中，擔任自然食品店「陰陽洞」的講師，目前則在海邊一棟古色古香的民宅裡，開辦有機料理教室「白崎茶會」。吸引了日本各地的烘焙愛好者慕名前往，且名額難求。師承日本美學家岡倉天心，目前每天埋首於創作配方與教學。座右銘是：「正因為笨拙所以更要勤加練習」。著有《白崎茶會無麩質烘焙：無麥、無蛋、無奶油的新形態美味甜點》（悅知文化）、《自己做最安心！風味清爽、口感鬆軟的麵包》（台灣東販）、《秘密のストックレシピ》（マガジンハウス）等多本著作。

官網—白崎茶會
http://shirasakifukurou.jp

不使用堅果的話？

對堅果過敏的人，可以用以下的方式代用，做法相同。

簡易布朗尼（P.20）&
簡單薩赫蛋糕（P.23）
把杏仁粉 25g 換成玉米澱粉 15g。可可粉則用同量的長角豆粉代替。寒天巧克力鏡面淋醬（P.106）的可可粉也用同量的長角豆粉代替。

堅果布朗尼（P.22）
不使用杏仁粉，把大豆粉增加到 30g 代替。用果乾或燕麥取代堅果。

焦糖蘋果蛋糕（P.26）
把杏仁粉 20g 改成玉米粉 12g。

香蕉軟餅乾（P.30）&
夏威夷豆柳橙餅乾（P.32）
用長角豆碎片、柳橙碎、果乾等代替板巧克力和夏威夷豆。

咖啡軟餅乾（P.33）
用燕麥代替椰子粉。如果也不能喝即溶咖啡的話，用 1/2 肉桂粉代替。

蓬鬆的杯子蛋糕（P.56）&
柳橙杯子蛋糕（P.59）
把杏仁粉 25g 換成篩過的玉米澱粉 15g（用玉米粉的話不用過篩）。

笨拙巧克力杯子蛋糕（P.58）
用玉米澱粉 15g 代替杏仁粉 25g。

起司蒸饅頭（P.64）
不使用杏仁粉，把米粉增加到 70g，南瓜粉增加到 6g。

馬拉糕（P.66）
把杏仁粉 20g 換成黃豆粉 10g。

簡易奶凍（P.68）
把豆漿增加到 500g。玉米澱粉增加到 20g。用植物油 50g 代替椰子油 200g。植物油跟豆漿一起入鍋。

起司甜點（P.94）
把椰子油 40g 用其他的植物油 15g 代替。不用堅果 20g，把果乾增加到 90g。用重物把豆漿優格的水分充分瀝乾後再加入果乾。

減醣 80%麥麩麵包＆甜點

22.6×28.8cm　80 頁
彩色　定價 320 元

營養師兼美食烹飪家的麥麩料理詳細教學
利用低糖＆低卡路里的神奇食材
享受料理樂趣的同時也「想瘦」健康

　　以麥麩粉與大豆粉取代高筋麵粉的「麥麩麵包」，有效控制醣類攝取量，可以吃得安心又健康！在保有鬆軟口感及自然甜味的同時，害怕發胖的煩惱也能一掃而空。就連甜點也經過精準計算，無須再死守不吃甜食的大門！

　　本書食譜皆由營養師精心調配，享受手作樂趣的同時也能輕鬆擁有強健的身體。

清爽好吃！
無奶油懶人烘焙甜點

21×25.7cm　96 頁
彩色　定價 350 元

輕鬆上手，讓人每天都想烤！
★簡單烘焙，家中洋溢幸福滋味★

　　奶油的滋味雖令人陶醉，然而用植物油做成的點心，其滑順的口感也相當美味。並且能省下讓奶油恢復室溫、用力攪拌等各種工夫，減少需要清洗的東西，輕鬆簡單。

　　簡化後的食譜，不會太甜，口感清爽。達到味覺和口感的絕佳平衡。剛起步的時候依照食譜一步步來做，就不容易失敗。如果能多練習幾次，把它變成自己家裡的味道，讓平凡的每一天都能染上微甜的滋味，那就太幸福了～

世界的鄉土甜點

14.8×21cm　112 頁
彩色　定價 350 元

遊歷各國甜點烘焙職人嚴選！
網羅多國鄉土甜點
傳承單純美好滋味！

　　2012 年，本書作者憑著一股對鄉土甜點的熱情，隻身一人騎著單車，踏上尋訪歐亞諸國的旅途。

　　在這一趟不凡而路途崎嶇的尋味之旅中，邂逅了世界各地的純樸美味。而這趟旅程，也從原本只有少數網友的關注，到漸漸獲得來自各地朋友的關心與支持。縱使旅途中曾被拒、曾遭竊，縱使這旅途並非一帆風順，但是得到更多的是可愛的人性光輝與親切的友好回應。

瑞昇文化
http://www.rising-books.com.tw

＊書籍定價以書本封底條碼為準＊
購書優惠服務請洽：
TEL：02-29453191 或 e-order@rising-books.com.tw

TITLE

笨拙烘焙

STAFF

出版	瑞昇文化事業股份有限公司
作者	白崎裕子
譯者	張懷文
總編輯	郭湘齡
文字編輯	徐承義　蔣詩綺　李冠緯
美術編輯	孫慧琪
排版	曾兆珩
製版	印研科技有限公司
印刷	龍岡數位文化股份有限公司
法律顧問	經兆國際法律事務所　黃沛聲律師
戶名	瑞昇文化事業股份有限公司
劃撥帳號	19598343
地址	新北市中和區景平路464巷2弄1-4號
電話	(02)2945-3191
傳真	(02)2945-3190
網址	www.rising-books.com.tw
Mail	deepblue@rising-books.com.tw
初版日期	2019年4月
定價	380元

ORIGINAL JAPANESE EDITION STAFF

撮影	寺澤太郎
デザイン	藤田康平（Barber）
スタイリング	中里真理子
編集	和田泰次郎
プリンティングディレクション	金子雅一（凸版印刷）
調理助手	山本果、水谷美奈子、会沢真知子菊池美咲、竹内よしこ、高橋美幸
食材協力	陰陽洞、菜園野の扉
Thanks	高木智代、伊藤由美子、上田悠、八木悠、和井田美奈子、工藤由美、鈴木清佳、田口綾相川真紀子、上杉佳緒理、白崎茶会生徒の皆さん
参考資料（デザイン）	『COOKING FROM ABOVE』（Hamlyn）

國家圖書館出版品預行編目資料

笨拙烘焙 / 白崎裕子著；張懷文譯. --
初版. -- 新北市：瑞昇文化, 2019.04
112 面；19 X 25 公分
譯自：へたおやつ
ISBN 978-986-401-322-7(平裝)

1.點心食譜

427.16　　　　　　　　　　108004073